人人学茶

第

品普洱茶就上手

Pu-erh Tea

图解版

周红杰　李亚莉　著

旅游教育出版社
·北京·

《第一次品普洱茶就上手》涵盖了普洱茶的概念、文化、历史、资源、加工、微生物、化学、产品、仓储、鉴评、冲泡、茶俗等一系列专业知识，系统地阐述了云南普洱茶的神奇之处。该书再版，增加了章节思维导图，构建了普洱茶学科体系更加清晰简洁的学习通道，是新时期全面系统专业诠释普洱的一本时代佳作，是一本体现现代科技工作者追求真理、传播正能量、探索普洱奥秘的写实之作，是一本老百姓通俗易懂的科普读本，是一本科学传播普洱茶养生、引导全民品饮普洱茶、福泽大众健康生活的好茶书。

策　　划：赖春梅
责任编辑：赖春梅

图书在版编目(CIP)数据

第一次品普洱茶就上手：图解版 / 周红杰，李亚莉著. -- 2版. -- 北京 ： 旅游教育出版社，2021.5
(人人学茶)
ISBN 978-7-5637-4237-0

Ⅰ. ①第… Ⅱ. ①周… ②李… Ⅲ. ①普洱茶—品茶—图解 Ⅳ. ①TS272.5-64

中国版本图书馆CIP数据核字(2021)第070870号

人人学茶
第一次品普洱茶就上手（图解版）
（第2版）
周红杰　李亚莉　著

出版单位	旅游教育出版社
地　　址	北京市朝阳区定福庄南里1号
邮　　编	100024
发行电话	(010) 65778403　65728372　65767462(传真)
本社网址	www.tepcb.com
E-mail	tepfx@163.com
排版单位	北京卡古鸟艺术设计有限责任公司
印刷单位	天津雅泽印刷有限公司
经销单位	新华书店
开　　本	710毫米×1000毫米　1/16
印　　张	16.5
字　　数	220千字
版　　次	2021年5月第2版
印　　次	2021年5月第1次印刷
定　　价	62.00元

(图书如有装订差错请与发行部联系)

作者简介

ABOUT THE AUTHORS

周红杰

二级教授，博士生 / 硕士生导师。全国优秀教师，南京大学 MBA 导师，云南省中青年学术和技术带头人、云南省高等学校教学名师、云南省云岭产业技术领军人才。云南省委联系专家、云南省专家委员会专家，国家基金项目和成果评议专家，全国专业标准化技术委员会普洱茶组委员暨绿茶组委员，国务院参事室华鼎国学研究基金会国茶专家委员会副主任，中国茶叶学会感官审评专业委员会委员，世界茶联合会理事，国际普洱茶评鉴委员会常务理事、副秘书长，首届“全球普洱茶十大杰出人物”。

主持国家自然科学基金、国家科技支撑项目、云南省应用基础研究重点项目等 20 余项。获教学成果一等奖 2 项、三等奖 1 项；云南省科技进步特等奖 1 项、一等奖 1 项、三等奖 3 项，中国茶叶学会科学技术二等奖 2 项、三等奖 1 项。获授权专利 26 项、软件著作权 4 件。发表论文 180 篇；著有《云南普洱茶》、《普洱茶健康之道》、《云南普洱茶化学》、《普洱茶与微生物》、《普洱茶加工技术》、《普洱茶保健功效揭秘》、《第一次品普洱茶就上手》、《民族茶艺学》和《中国十大茶叶区域公用品牌之普洱茶》等著作和教材 30 余部。

主要荣获的荣誉：

2005 年首届“全球普洱茶十大杰出人物”并获“茶马奖”；

2009 年获“云南省中青年学术和技术带头人”称号；

2012 年获云南省级高等教育“教学名师”；

2013 年云南省教育厅授予“周红杰名师工作室”；

2014 年遴选为云南省首批“云岭产业技术领军人才”；

2016 年被评为“全国优秀茶叶科技工作者”、“中华茶文化优秀教师”；

2019 年入选云南省“万人计划”产业技术领军人才专项；

2019 年获中华人民共和国教育部“全国优秀教师”荣誉和奖章。

李亚莉

博士，教授，硕士生导师，云南农业大学“百名青年学术和技术带头人”，“中华茶文化优秀教师”，中国茶叶学会“青年科技奖”获得者。国家自然科学基金项目评议专家，中国茶叶学会茶艺专业委员会委员、中国茶叶学会女科技工作者委员会委员。主要从事普洱茶加工关键技术和保健功效、茶树种质资源、茶叶综合利用和民族茶文化研究工作。

科研方面：先后主持和参与国家自然科学基金项目、国家科技支撑计划项目等科研项目 30 余项。发表论文 70 余篇，主编《第一次品普洱茶就上手》，参编《云南普洱茶化学》、《普洱茶与微生物》等著作 20 部。获授权专利 13 项，软件著作权 2 项。获云南省科技进步特等奖 1 项、三等奖 2 项，大理白族自治州科学技术三等奖 1 项，中国茶叶学会科学技术奖二等奖 2 项，2015 年获第四届中国茶叶学会“青年科技奖”。

教学方面：主持和参加国家级、省级、校级质量工程建设等项目 17 项。主编农业部“十二五”规划教材《民族茶艺学》及茶学职业教育教材《茶树栽培学》、《制茶工艺》，参编“十二五”职业教育国家规划教材《茶道与茶艺》、农业部“十三五”规划教材《茶叶生物技术》、《代用茶加工学》、云南省“十二五”规划教材《普洱茶文化学》教材 4 部。获省级教学二等奖 1 项、校级教学二等奖 1 项、三等奖 1 项，2014 年获首届“中华茶文化优秀教师”称号。

目 录
CONTENTS

序言
PREFACE

茶为国饮。出生于天地，生长于中国，是中国除四大发明之外的对人类的又一巨大贡献。云南是世界茶树的起源地带，得天独厚的优势造就了云南丰富的茶文化。“高山云雾出好茶”，良好的自然条件孕育了普洱茶的纯净与灵性。普洱茶，是云南特有的地理标志产品，是由云南大叶种晒青毛茶经过再加工而成的，滋味甘醇，回味丰富，香气呈陈香。悠久的历史、独特的品质、显著的功效，使普洱茶为世人所钟爱。

近年来，普洱茶尤受追捧。普洱茶以无与伦比的醇厚香韵，历经千百年沧桑变迁，适逢盛世年华，在海内外茶人的共同推动下，终于绽放出了耀世绚烂光华。周红杰教授及其团队几十年来，深耕于云南普洱茶研究工作，秉承科学诚信的态度，发掘普洱茶的历史，探索普洱茶的未来。习近平总书记强调：“健康是促进人的全面发展的必然要求”，“没有全民健康，就没有全面小康”，全民健康是全面小康的应有之义。“健康”是社会发展的主流，普洱茶的养生保健功能需要被重新认识。《第一次品普洱茶就上手》一书顺应了时代的发展要求，具有科学性与实用性相结合的鲜明特性，内容专业优质，语言简明易懂，图片丰富多样。书中的章节阐释了普洱茶的诸多特性，普洱茶的形态、普洱茶的分类；探寻与梳理了普洱茶的起源与发展；讲述了茶马古道与普洱茶悠长岁月中的美妙故事；讲解了品鉴普洱茶的基本要求、方法、设备用具的选取，如何科学仓储普洱茶，广大爱好普洱茶的消费者从中可掌握普洱茶品鉴和仓储的基本知识；展示了普洱茶与少数民族相伴而生的故事与鲜明的民族地域文化特色；剖析了普洱茶中最有意义的保健成分；讲述了有关普洱茶的文化、诗词、礼仪及冲泡技艺等内容，传递了普洱茶不可言说的情韵。

盛世兴茶。21世纪的普洱茶正在经历着时代的洗礼，品饮普洱茶逐渐成为人们日常生活的一部分，传承及发扬普洱茶文化是国家经济建设及社会发展的必然举措，《第一次品普洱茶就上手》系统地构建了普洱茶的基础知识，简洁明了地向人们解读普洱茶之奥秘，独具特色地展示普洱茶的多彩文化，使普洱茶的史韵之美生动尽显。因此，此书具有高质量的科学价值、文学价值及传播价值，是一本会使读者受益匪浅的普洱茶书。

张宝三

云南省普洱茶协会前会长

自序

PREFACE

两汉时期古人开创的以洛阳、长安为起点的“丝绸之路”，是连接东西方经济贸易和文化交流的重要通道。古往今来，“茶叶之路”与“丝绸之路”的历史地位是相辅相成的。在唐代，由于茶事兴盛及茶文化的广泛传播，“丝绸之路”也被称为“丝茶之路”，中国茶通过丝绸之路走出国门、风靡全球，开启全世界茶文明的浩瀚之旅。云南，作为茶树及普洱茶的故乡、“丝绸之路”上的重要驿站，对我国乃至世界茶文化发展都产生了极为深远的影响。

习近平主席提出中国与东盟国家共同建设“21世纪海上丝绸之路”的战略构想，由此拉开了“一带一路”国际经济发展新战略的序幕，其中所贯彻的一系列基于中华传统文化的国际经济理念创新引起了国际社会的强烈反响。中国茶作为增进和平友谊的特别使者，“以和为贵”的文化符号承载中华文明，积极推动着“一带一路”国家战略的实施。现今普洱茶在“一带一路”的战略中走入国际舞台，以灵动鲜活的身姿彰显着国家文化形象，发挥着不可替代的重要作用。

对于一名学者来说，最欣慰的无疑是看到国家、社会、家庭对自己所从事事业的认可与喜爱。航天员景海鹏、陈冬在太空中“挑战不可能”，用普洱茶膏泡出“太空第一杯茶”；外交部长王毅在云南全球推介会发言中提到他每天都喝普洱茶；人们生活水平不断地提高，越来越多的人开始接触普洱茶，想要了解普洱茶。这是时代对普洱茶的呼唤，更是时代对我们从事茶业的人士赋予的责任。

《第一次品普洱茶就上手》一书涵盖了普洱茶的标准建设、历史文化、种质资源、加工仓储、化学物质、微生物、评审品鉴、冲泡要领、民族茶俗、保健功效等内容。全书将科学与文化深度结合，旨在向大众全面客观地传递普洱茶知识，扩大读者的知识视野，帮助大家正确地认识普洱茶，进而有利于普洱茶的文化普及与茶业经济发展。本书第一版于2017年出版后受到广大茶友的喜爱与肯定，现为了顺应读者与时代的需求决定对本书修订再版。第二版在第一版的基础上更新了普洱茶产业相关数据，扩充了“普洱茶安全性”的相应内容，剖析了“科技普洱”与“普洱茶可追溯体系”，针对消费者所关心的普洱茶保健功效、热点问题、“山头茶”品质特征等内容进行了补充；为了让读者在有限的时间清晰明白所读的内容，每篇附有相应的思维导图，梳理篇章核心内容，让读者系统和科学地探知普洱茶，使其成为更兼具学术性、可读性、实用性与时效性的普洱茶书籍。

普洱茶是经过时间选择的产物，经历了祖祖辈辈的继承与传扬，永不会被淘汰。在传承普洱茶的道路上，本人始终坚信世界上有两种人：一种是喜爱普洱茶的人，一种是还不知道自己喜爱普洱茶的人。望每一位读者能从这本书中，对普洱茶有一个全新的、正确的认识，从此喜欢上普洱茶，爱上普洱茶。生活因普洱茶越来越美妙，在忙碌的生活中，品一杯普洱茶，感受时光流淌中的悠长情怀。

前 言
FOREWORD

你爱普洱茶吗?

提及普洱茶，你会想到什么？是掌心里的氤氲温存？是杯盏中的飘香四溢？还是唇齿间的温醇厚道？历经岁月的茶马古道引领我们的清心之旅依旧让我们心驰神往；云雾缭绕的茶山茗海赋予自然的丰饶灵性依旧让我们欣然赞叹。

布满尘土的驿站静默于山石曲折的盘山道路尽头，嗒嗒的马蹄声中向人们展露“径仄愁回马，峰危畏如去”的意境，风尘仆仆的贩夫走卒诉说着昔日“以茶易马”的艰险……比比皆是关于普洱茶的记忆。

告别饥荒岁月，健康的号角愈来愈激越，曾经的百年沉寂、过往的长夜无歌，如今都换来普洱茶的郁然振兴，普洱茶遂重新屹立于时代之山峰，其涓涓细流滋养着我们的衣食住行，也滋润着我们疲惫的身心。让心灵饮杯普洱茶，会在某一瞬间，我们如坐草木之间，如归云林精舍……

学茶的过程，就是让自己的认知不断饱满的过程，也是让自己从世俗到不俗的过程。

从零学起，空杯状态，让我们一同虚心地了解普洱茶，经历那从“看山是山”到“看山不是山”再到“看山是山”的心路历程，就如同您将启封的普洱茶新世界一样，在这里，您将走进普洱茶，追溯其悠长的历史，探索“科技兴茶”的奥秘；在这里，您将随我们一道探寻普洱茶源，揭开神秘普洱茶的面纱；在这里，您将沐浴在专业评审与茶艺品鉴的艺术熏陶下，留住普洱茶的光辉；在这里，您将品味多样的普洱茶滋味，尽享味之律动；在这里，您将从举足轻重的微生物中深切体会到普洱茶蕴含的丰富多样的美，从各个层面感受着普洱茶的过去、现在以及未来。

山间铃响马帮来，早期普洱茶的真实写照画卷已展开，爱茶人的悠悠思古之情如一盏普洱茶的陈香，回味不尽。一方古木，一束嫩芽，那枯木逢春的造化、自然进化的神奇使得深山的人们总是将茶奉若神明来顶礼膜拜，祈求幸福。南糯、巴达、邦崴、千家寨、易武，那里一棵棵如神明般矗立的千年古茶树演绎了多少美丽的传说；革登、倚邦、莽枝、蛮砖、曼撒、攸乐，那里一座座千年茶山向岁月诉说了多少动人的故事；那一片片飘香的茶园，如诗、如画、如春茶的馨香在沁入你的心房，诉说着虔诚的心声，诉说着岁月的酸甜苦辣，人生的坎坎坷坷，年复一年，浸出无穷无尽的回味……

在这日新月异变化着的大千世界中，永久镌刻着最古老文明的普洱茶沿着时光之河缓步走来，渐渐成为了我们最富有情感的生活内容。

普洱茶之行即将开始，你，准备好了吗?

第一篇

走进普洱茶世界——初识普洱茶

一壶普洱，一场流年，虽初见，若故交。

云南是茶树的原产地，也是普洱茶的故乡。长期以来，作为茶叶领域的瑰宝，云南的普洱茶一直以来因其历史悠久、品质独特、功效显著而蜚声中外。通过对普洱茶标准的了解，可以对普洱茶的概念、分类、加工工艺、品质特征等有一个基本的认识。

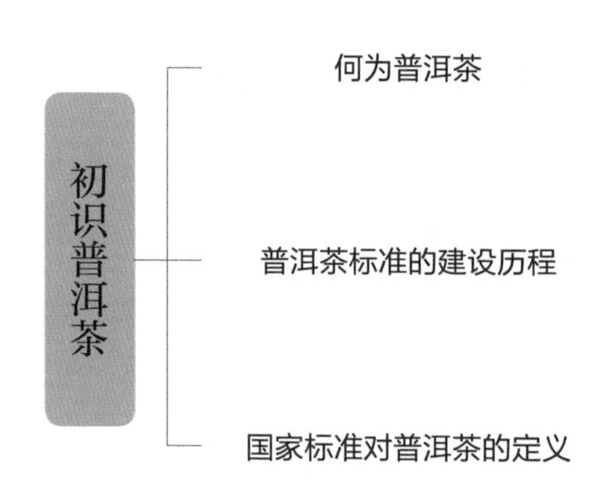

一、何为普洱茶

普洱茶是云南特有的国家地理标志产品，以云南大叶种晒青茶为原料，按特定的加工工艺生产，具有独特品质特征的茶叶。普洱茶分为普洱生茶和普洱熟茶两大类型。

普洱生茶是以符合普洱茶产地环境条件的云南大叶种晒青茶作为原料，经蒸压自然干燥及一定的时间贮放形成，以自然陈放方式，经过加工整理、修饰形状（饼、砖、沱），干茶色泽墨绿或黄绿，汤色浅黄或黄绿，滋味浓强回甘，新制或陈放不久的生茶有苦涩味，茶性较刺激，长期科学地储藏后滋味越来越醇厚。

普洱熟茶是以符合普洱茶产地环境条件的云南大叶种晒青茶作为原料，经适度潮水微生物发酵形成半成品后筛分形成级号散茶，再蒸压形成砖、饼、沱、柱等整型茶，其品质形成的主要成因是微生物和水热作用。干茶色泽褐红，滋味醇和，具有独特的陈香，茶性温和，有养胃、护胃、暖胃、降血脂、减肥等保健功效。

图 1.1　普洱熟茶

图 1.2　普洱生茶

二、普洱茶标准的建设历程

气候适宜、环境优良的云南，为普洱茶创造了得天独厚的生长环境。斗转星移，普洱茶在时光的氤氲下，渐渐被人知晓，关于它的定义也在渐趋完善。

1979年云南茶叶进出口公司在昆明召开普洱茶加工座谈会，拟订了“云南普洱茶制造工艺要求（试行办法）”，统一了9个标准样，确定了普洱茶茶号的编号办法，统一了普洱茶的质量标准和加工工艺。4月1日，云南省茶叶进出口公司以[79]云外茶调字第40/12号文件下发昆明、勐海、下关、普洱4个茶厂《关于普洱茶品质规格和制造要求的通知》。9月，下关甲级沱茶荣获国家银质奖，并被评为省级优产品。

2003年3月1日实施的DB53/T102-2003《普洱茶云南省地方标准》中，规范了普洱茶的定义，即“普洱茶是以云南省一定区域内的云南大叶种晒青毛茶为原料，经过后发酵加工成的散茶和紧压茶。其外形色泽褐红，内质汤色红浓明亮，香气独特陈香，滋味醇厚回甘，叶底褐红”。

这个定义包含了以下四个内容：

（1）普洱茶的产地是云南省的一定区域；

（2）普洱茶采用的原料是云南大叶种晒青毛茶；

（3）普洱茶的加工工艺是独特的后发酵工艺，包括了自然后发酵工艺和人工渥堆后发酵工艺两种；

（4）普洱茶的理化指标必须符合DB53/T102-2003《普洱茶云南省地方标准》，即外形色泽褐红，内质汤色红浓明亮，香气独特陈香，滋味醇厚回甘，叶底褐红。

2004年4月16日，农业部发布了中华人民共和国农业行业标准NY/T779-2004《普洱茶》，标准指出普洱茶是云南各种嫩度大叶种晒青毛茶制作而成。这个定义包括了以下两个内容：

（1）晒青毛茶及其压制茶在良好贮藏条件下长期贮存（十年以上）；

（2）人工渥堆发酵发生氧化聚合等反应，经整形、归堆、拼配、杀菌等工序形成普洱茶特定品质。

2006年4月8日，云南普洱茶协会在普洱哈尼族彝族自治县宣告成立。7月1日，云南省质量技术监督局发布云南省地方标准DB53/103-2006《普洱茶》和DB53/171-173-2006《普洱茶综合标准》。标准指出，普洱茶是云南特有的地理标志产品，普洱茶以特定的加工工艺生产而成。

2008年6月17日国家出台了新的普洱茶国家标准GB/T22111-2008《地理标志产品　普洱茶》，并于2008年12月1日起正式实施。标准将普洱茶分为普洱生茶和普洱熟茶两个类型。

图 1.3　普洱茶地理标志保护产品

三、国家标准对普洱茶的定义

2008 年 6 月 17 日国家出台了新的普洱茶国家标准，并于 2008 年 12 月 1 日起正式实施。这个国家标准对普洱茶的定义明确为：普洱茶必须以地理标志保护范围内的云南大叶种晒青茶为原料，并且在地理标志保护范围内采用特定的加工工艺制成。由国家质检总局规定的普洱茶地理标志产品保护范围是：云南省昆明市、楚雄州、玉溪市、红河州、文山州、普洱市、西双版纳傣族自治州、大理白族自治州、保山市、德宏州、临沧市等 11 个州（市）75 个县（市、区）所属的 639 个乡（镇、街道办事处）现辖行政区域。非上述地理标志保护范围内地区生产的茶不能叫普洱茶，云南茶企业与茶业工作者到上述地理标志保护范围外的地区购买茶青做成的茶也不能叫普洱茶。

第二篇

史册循迹、悠然普洱——茶饮留驻的美好时光

三千繁华，月圆月缺，古道马帮，镌刻普洱茶印痕。

在云南茶叶历史发展的长河中，普洱茶也不断经历着岁月的洗礼，对它的形成和发展过程进行探寻与梳理，是弘扬普洱茶文化、促进茶业经济发展的必经之路。

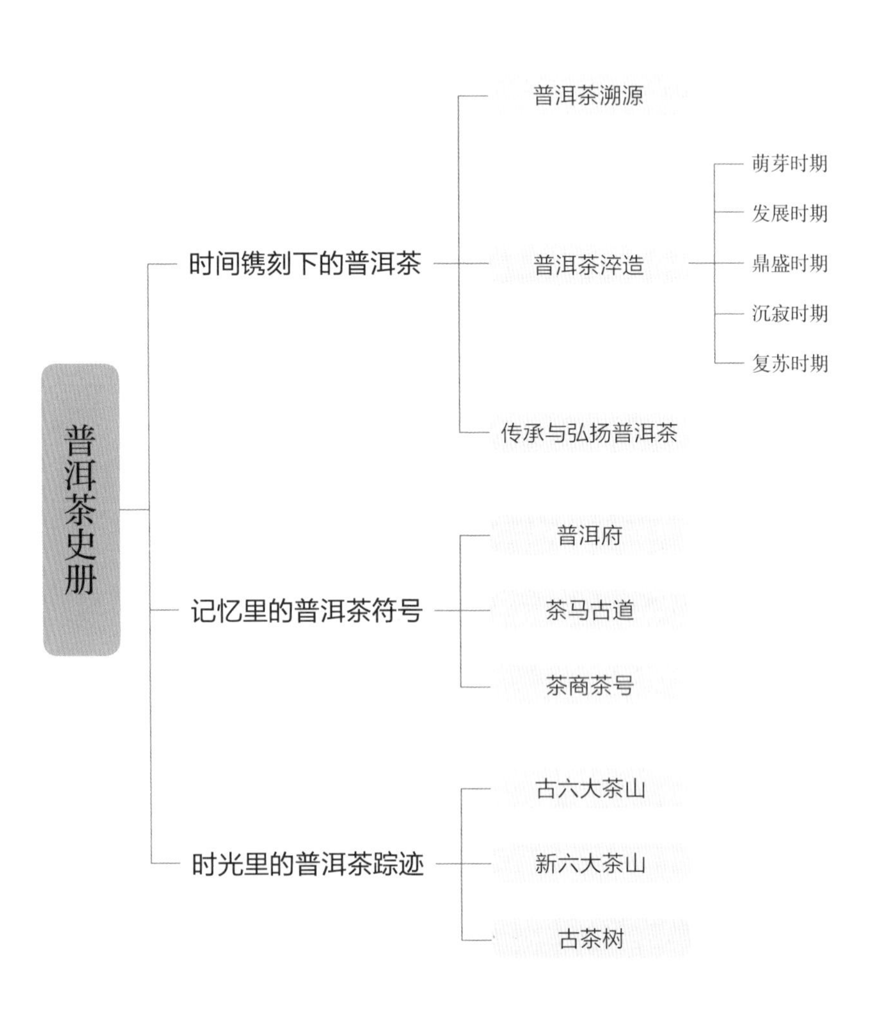

一、时间镌刻下的普洱茶

尽管从东晋时期普洱茶就现身于典籍中，随后也曾诗意地从两汉、三国、唐宋等等历代史料中穿行，但其留下的痕迹何其飘渺，以至要耗费无数学者经年累月的精力才可以考证出来。千年之后，沉睡的普洱茶从清代醒来，名动天下，普洱茶事成为关系到国计民生的大事。之后，近百年沉寂，于20世纪80年代普洱茶再度归来，这一次，与普洱茶联袂而来的除了有古老的传说，历史的神话外，还有诸多漂洋过海的奇遇，逐年升值的刺激及浓厚的普洱情结。

（一）普洱茶星火——普洱茶溯源

普洱茶的美，美在平淡；普洱茶的美，美在从容；普洱茶的美，美在传承……传承在于延续，在于对溯源的独到见解，亦在于对发展的无限憧憬！

云南是世界茶树原生地，全国、全世界各种各样茶叶的根源都在云南的普洱茶产区。普洱茶历史非常悠久，根据最早的文字记载——东晋·常璩（qú）《华阳国志》推知，早在三千多年前武王伐纣时期，云南种茶先民濮人已经献茶给周武王，只不过那时还没有“普洱茶”这个名称。

普洱茶的名称或因族名而成、或因地名而得。到了唐朝，普洱茶开始了大规模的种植生产，称为“普茶”。宋明时期，是中原逐渐认识普洱茶的时期，并且普洱茶在国家社会经济贸易中开始扮演重要的角色。

到了清朝，普洱茶到达第一个鼎盛时期，《滇海虞衡志》称：“普茶名重天下……茶山周八百里，入山作茶者数十万人，茶客收买，运于各处。”普洱茶开始成为皇室贡茶，成为国礼赠与外国使者。末代皇帝溥仪说皇宫里“夏喝龙井，冬饮普洱”。清代学者阮福记载说“普洱茶名遍天下，京师尤重之”。清末民初，是普洱茶价格最高时期，学者柴萼的《梵天庐丛录》记载说：“普洱茶……性温味厚，产易武、倚邦者尤佳，价等兼金。品茶者谓：普洱之比龙井，犹少陵之比渊明，识者韪之”。也就是说，当时的普洱茶好茶价格是金子的两倍！20世纪上半叶普洱茶又得到一定发展，很多这个时期的老字号茶还有遗存，我们现在喝起来口感、气韵特别，价格奇高。

抗日战争至新中国成立之前，云南整个茶业萧条。20世纪五六十年代，云南的茶叶生产重视红茶、绿茶，但并未继承发扬普洱茶的优良传统。

随着社会经济的发展和生活水平的提高，近几年来人们开始重视有强大保健功能和迷人口感的普洱茶，流行之势从东南亚，我国的港台传至广东，再迅速影响全国。于是乎，跟风投机者甚众，假冒伪劣品时出，鱼龙混杂，乱云飞渡，三五年间，暴热暴寒。值得庆幸的是，此期间普洱茶的传统工艺得到恢复，人们对普洱茶品质价值的认知正在趋于理性。

（二）普洱茶淬造——发展普洱

早在几十万年前，云南就已有人类居住、生活。热带和亚热带优越的自然条件促使他们的食物来源偏重于采集业，这也导致了他们对大自然中各种植物包括茶的认识较为深刻。云南是世界茶树原产地，普洱茶的历史亦非常悠久，它的发展历程按时代划分，可主要划分为五大时期：

1. 萌芽时期——商周

据东晋·常璩《华阳国志》记载：早在三千多年前武王伐纣时期，云南种茶先民濮人就已经献茶给周武王，只不过那时还没有普洱茶这个名称。

另据罗平、师宗县志考证，早在2100多年前，罗平、师宗一带已进行了野生茶树人工驯化栽培，其中，邦崴过渡型古茶树就是古代濮人栽培驯化茶树遗留下来的活化石。另据傣文记载，早在1700多年前的东汉时期，云南就已有茶树栽培。陆羽在《茶经·八之出》中未提到云南，这可能是囿于见闻。

2. 发展时期——唐宋元明

唐朝时普洱名为“步日”，属银生节度（今普洱市思茅区和西双版纳一带），银生茶是为普洱茶的前身，元朝时称之为普茶，明万历年才定名为普洱茶。唐代咸通三年（862年）樊绰在其著《蛮书》卷七中记载：“茶出银生城界诸山，散收无采造法。”南宋李石撰《续博物志》卷七也说：“茶出银生诸山，采无时”。“银生城”即今普洱市景东彝族自治县，是当时南诏六节度之一银生节度所在地，其管辖范围包括今思茅区、西双版纳等地区。如按产地或集散地命名，唐代南诏时期的茶叶均可称之为“银生茶”，可以说是后来“普洱茶”的前身，但当时还没有“普洱茶”一名。

及至宋代，形成了“以茶易马”的茶马市场。宋朝李石所著《续博物志》继《蛮书》之后也有类似记载：“茶出银生诸山，采无时，杂椒姜烹而饮之”。还有元代李京在《云南志略·诸夷风俗》中提到的：“金齿百夷，交易五日一集，以毡、布、茶、盐互相贸易。”“金齿百夷”指滇西金齿国的傣族等少数民族先民。当时，金齿虽然有茶叶交易，数量必亦不大，致使明代所著的《元史》仍将云南列为不产茶的行省。

云南茶叶的发展到了明代时最有名的茶为昆明太华茶、大理感通寺茶和湾甸（今昌宁县内）茶。大路茶有永宁（今宁蒗县）“剪刀粗茶”，车里（今普洱县以西、西双版纳傣族自治州）“普茶”

和乌蒙（今昭通地区）的“乌蒙茶”（乌蒙当时归四川管辖）。当时流通全省，销量最大的当数“普茶”。据万历《云南通志》载：“车里之普耳，此处产茶，有车里一头目居之。”（明代“普耳”之“耳”无三点水）谢肇浙《滇略》中也提到：“士庶所用，皆普茶也，蒸而成团。”这是两条关于普洱茶的最早记载，对解读普洱茶名称的由来和产地之争有重要的意义。当时普洱茶内销量在天启年间（1621-1627年）已达到四百担左右。

3. 鼎盛时期——清

普洱茶发展至清代已然到了名副其实的鼎盛时期，众多历史文献都有记载。比如《滇海虞衡志》中写道：“普茶名重天下，茶山周八百里，入山作茶者数十万人，茶客收买，运于各处”；柴萼在《梵天庐从录》中亦写道：“普洱茶……性温味厚，产易武、倚邦者尤佳，价等兼金”；溥仪也曾说清宫“夏喝龙井，冬饮普洱”。

4. 沉寂时期——民国

抗日战争至新中国成立之前，云南茶叶市场空前萧条。老牌茶区易武等地“因技术不求改善，制法守旧”，加上瘟疫流行，茶农大量外逃，“以致产量锐减，销场日滞。”总的来说，在民国时期，普洱茶的发展潦倒不堪，令人唏嘘。

5. 复苏时期——新中国

新中国成立后，国民经济得到恢复，云南普洱茶开始重回到大众的视野中。

20世纪30年代后，由于交通条件的改善，经缅甸、老挝、印度等国家的新茶路的开发，以及包装和仓储条件的改善，普洱茶运往西藏的时间大大缩短，由过去100天缩短为40天，普洱茶的自然后发酵过程较难于此期间完成，因此，各厂开始研究人工陈化工艺，包括20世纪50年代下关茶厂的人工冷发酵、蒸汽热发酵的工艺研究。20世纪70年代初，对外贸易不断扩大，普洱茶生产供不应求。根据消费者对普洱茶的要求，云南省茶叶公司在昆明茶厂研制人工后发酵普洱茶，在勐海茶厂等国营生产厂家推行现代普洱茶生产新工艺、新技术，使普洱茶加工进入了注重科技、重视品质和效益的新时期，并使普洱茶传统工艺在这一阶段得到了恢复。

（三）传承与弘扬普洱茶

普洱茶发展到现在，作为健康时尚的现代饮品，概括说来，主要在四大方面得到重大发展，它们分别是：包装更多样、工艺更精细、品饮更科学、功效更全面。

普洱茶发展至今，文化与科技齐头并进，先后创新出风味普洱、数字普洱、功能普洱、科学普洱、人文普洱、智慧普洱及养生普洱，七大板块于普洱茶发展中的历史性作用可圈可点。

普洱茶的传承不仅需要创新，更需要我们对于历史的敬畏之心。端起普洱茶的那一刻，你我皆应是“茶人”，传承和弘扬普洱茶任重道远，需要我们的坚持不懈，不忘初心。

二、记忆里的普洱茶符号

（一）普洱府

普洱茶起源于古普洱地区汉代先民的种茶制茶，兴盛于唐宋明清，并成为了朝中贡品。唐宋时期“茶马互市”已形成以古普洱府（今宁洱）为中心，向国内外辐射的以贩运普洱茶为主的民间商贸通道。明洪武十六年（1383 年）该地定名为“普耳”，万历年间改称“普洱”。清朝初年，吴三桂腹背受敌，移兵云南。为管理好这块进可攻、退可守的西南边陲要塞，吴三桂对行政区划管理进行了调整，将今普洱、临沧及西双版纳一带编归元江府管理。

借助马帮运输要道的独特优势，普洱逐渐地成为了连接中原和南亚、东南亚各国的枢纽，普洱成为茶马古道的中心和商品贸易的中心。藏族马帮经大理、景东、镇沅、景谷深入普洱坝子，沿途出售藏马、毛皮、藏药，同时收购茶叶，逐步形成了相对固定的贸易通道。从中原经昆明到元江进入普洱的官商道，在传播中原文化的同时也进行货物交易。在内地瓷器、丝绸等名贵商品流入普洱的同时，产自当地的普洱贡茶也走向了京城，声名远播。

清雍正初年，满族镶蓝旗人鄂尔泰任云贵广西总督，为普洱府建制写下了开元一页。鄂尔泰在思茅设立了茶叶总店，茶业收售均归官府管辖，拢尽其利；攸乐设立同知，加强了对“六大茶山”的管理，征收茶叶营运税捐；同时以制止“夷民滋事”为名，大量向各大茶山及商贸要道派驻军队，严厉打击当地土司、兵役贩卖私茶。随着茶山的开发、茶业的兴旺，四川、江西、湖南等省及云南石屏、楚雄等地的大批汉人陆续迁入，“六大茶山”随之得以迅速发展。普洱府城也因此成为了集经济、政治、文化、军事于一体的管理中心和滇南重镇，马帮、商客交集，欧洲传教士、探险家进入，在交易、传教、探险的同时带来了各种文化，贸易兴盛，甚是繁荣。

（二）茶马古道

时间的指针指向了明清时期，茶马古道因需求而诞生。

因为藏民需要川、滇的茶，川、滇人民需要藏区的马、骡、羊毛、牛羊皮、麝香、虫草等山货和各种名贵的药材，

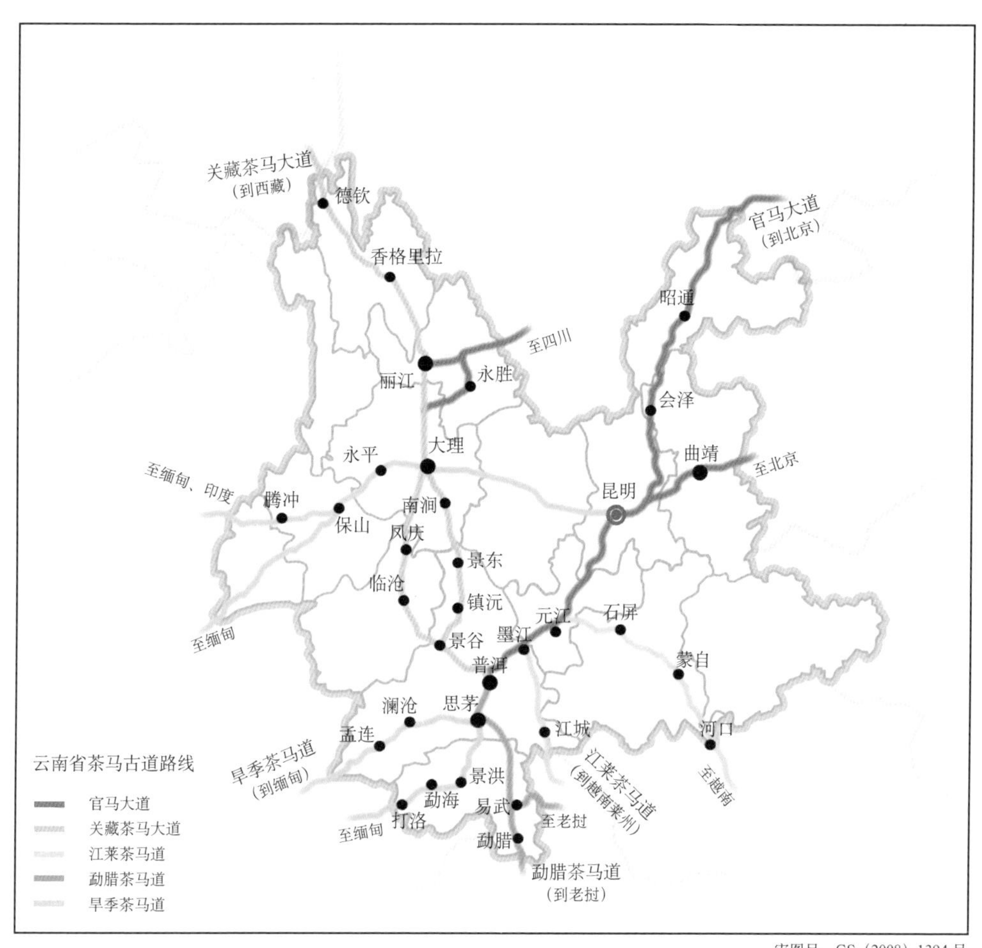

审图号：GS（2008）1394号

图 2.1　茶马古道线路

马帮的使命与茶不可分割。

简单说来，茶马古道即为明清时期以普洱为中心向国内外辐射出的五条“茶马古道”：

一是官马大道，由普洱经昆明中转内地各省、北京、南延车佛、打洛，这是茶马古道中最重要的一条，普洱贡茶就从这条路由骡马运到昆明。许多老字号茶庄的普洱茶，由普洱经思茅，过车里（景洪）、佛海（勐海）至打洛，而后出国至缅甸景栋，然后再转运至泰国、新加坡、马来西亚和中国香港等地。

二是关藏茶马大道，普洱茶从普洱经下关、丽江、中甸（今香格里拉）进入西藏，再由拉萨中转尼泊尔等国，主力是藏胞的大马帮。

三是江莱茶马道，普洱茶从普洱过

江城，入越南莱州，然后再转运到我国西藏和欧洲等地。

四是旱季茶马道，从普洱经思茅糯扎渡过澜沧江，而后到孟连出缅甸。

五是勐腊茶马道，从普洱过勐腊，然后绕往老挝北部各地。

在今普洱县境内，仍保留有三处较完整的茶马大道遗址。“茶马古道”使普洱茶销往国内各省区，远销中国港澳台及新加坡、马来西亚、缅甸、泰国、法国、英国、朝鲜、日本等国家和地区，在世界上享有盛名。

随着现代交通的兴起，这条自唐宋以来延续达一千多年并在汉、藏民族之间发挥过重要联系作用的茶马古道虽已丧失了昔日的地位与功能，但它作为中华民族形成过程的一个历史见证，作为今天中华多民族大家庭的一份珍贵的历史文化遗产却依然熠熠生辉，并随着时间的流逝而日益凸显其意义和价值。二百多年间，世序更替，人事浮沉，茶马古道从始至终都在见证普洱茶历史的变迁。茶马古道，最终成为了普洱茶文化的灵魂之一！

（三）茶商茶号

有茶就有茶商。最早的茶商出现在中国武阳。到了清代，茶商经营往往是政府特许的。如今，茶商遍及世界，自由贸易。普洱茶商让普洱走进了世界各地，为普洱茶的传播和流通做出了特有的贡献。

普洱茶兴盛与发展的同时，各大茶商、茶号、茶庄也应运而生。普洱茶发展历史中的茶商茶号可谓是风起云涌，其兴衰历程也可以称得上是异彩纷呈。同庆号、易昌号等著名的茶商老字号传颂至今依然掷地有声。

创始于乾隆元年（1736年）的同庆号，堪称手工制茶的真正百年老号。

普洱茶老字号“同庆号”，品牌始创人为刘姓，始于雍正十三年（1735年）的易武茶乡，“同庆”，即普天同庆之意。同庆号茶庄于1736年在易武设厂制茶，直至新中国成立后收归国有，仅其在易武的制茶历史就达百余年。同庆号老圆茶采用最好的竹箬包装，表面是浅金黄色，捆绑所用竹篾及竹皮，颜色与竹箬相若。每筒的每饼间都压着“龙马商标”内票一张，白底，字为红色。图上方写“云南同庆号”，中间为白马、云龙、宝塔图案，下方署“本庄向在云南久历百年字号所制普洱督办易武正山阳春细嫩的白尖叶色金黄而厚水味红浓而芬香出自天然今加内票以明真伪同庆老字号启”字样。

清朝乾隆年间，同庆号普洱茶就被官府定为贡茶，长期作为贡礼献于皇家。选料精细，做工优良，茶韵悠远，令同庆号普洱茶在业界享有“普洱茶后”美誉。

三、时光里的普洱茶踪迹

（一）古六大茶山

普洱茶与云南茶山同呼吸，六大茶山作为普洱茶发展的摇篮，与普洱茶始终一脉相承。在清人阮福的《普洱茶记》中我们就能感悟到六大茶山与普洱茶那种难以分割的血肉关系。

清代以来，云南普洱茶的发展进入了一个繁荣时期，出产普洱茶的普洱府所属六大茶山，发展到了“周八百里，入山作茶者数十万人”的规模。此六大茶山为：莽枝、倚邦、蛮砖、革登、曼撒（易武）、攸乐，其位置均在今西双版纳州境内。由于它们全部处于西双版纳澜沧江北，因此史称之为江北古六大茶山，亦称为江内六大茶山。

莽枝　莽枝茶山位于蛮砖茶山南面，与革登茶山相连，海拔1400m左右。因传说是诸葛亮埋铜（莽）之地，故命名为莽枝茶山。莽枝茶山面积不大，茶叶质量却较好。在清代普洱的鼎盛时期，莽枝年产茶量惊人并保持着持续较好快速的发展。20世纪40年代末期，莽枝茶山开始变得荒芜，直到80年代才开始复苏。

倚邦　位于勐腊县最北部，今属象明乡的管辖，涵盖19个自然村，海拔跨度较大，从600m至1900m不等。明末清初时期，倚邦茶山盛极一时。鼎盛时期的倚邦茶山，曾有八九万茶业人口，茶产量达万担之多。倚邦茶，叶芽细长，银色生辉，味酽正。

蛮砖　勐腊县象明乡南部，东部与易武茶区接壤，约300平方公里，海拔1100m左右。众多茶山的文献记载中，对于蛮砖茶山的记录寥寥无几，蛮砖茶山的关注度也长期处于边缘化。不过，塞翁失马焉知非福，正因如此，蛮砖茶山成为了古六大茶山现今保存得最完好的茶山，蛮砖茶茶叶独特，茶芽雪白，是茶中珍品。

革登　革登茶山与蛮砖茶山一样，在历史典籍中鲜有出现。革登茶山海拔1300m左右。革登茶属大叶种型，因茶芽粗壮，满披银茸，民间称之为“大白茶”。

曼撒　曼撒茶山位于勐腊县易武乡东北，其中包含了刮风寨、落水洞、弯弓、麻黑等古茶园，是六大茶山里面积最大、产量最大的茶山，年平均气温17.2℃，年平均降水1500～1900mm。曼撒山所产的大叶种茶，叶芽宽大、肥硕、壮实。

攸乐　攸乐茶山又名基诺山，位于西双版纳景洪市以东，是云南大叶种茶的中心产地，海拔575～1691m，平均气温18～20℃，年降水量1400mm。攸乐茶山在普洱茶的发展史上，曾居于“六大茶山”之首，拥有古六大茶山中现存最大的古茶树区。

表 2-1　古六大茶山

茶山名	释名	古树产地	茶质特色
莽枝	（诸葛亮）埋铜（莽）之地	红土坡、曼丫、江西湾、口夺等	回甘较快、杯底香较好、苦涩较弱
倚邦	有茶树、水井之地	倚邦、曼松、架布、麻栗树等	回甘较快、香气独特、微有蜜韵
蛮砖	大寨子	曼林、曼迁、八总寨、曼庄等	回甘快而持久、汤色饱满厚滑、山野气韵较强、杯底留香持久、苦涩较轻
革登	很高之地	值蚌、新发	回甘较好、汤色顺滑、山韵明显、苦涩较弱
曼撒（易武）	美女蛇的居住地	易武、麻黑、老丁家寨、大漆树等	汤色金黄，香气高扬，苦涩较轻，回甘好
攸乐	基诺族的世居地	司徒老寨、龙帕、巴飘、么卓等	回甘较好、山韵明显、水质略薄

（二）新六大茶山*

南糯　位于西双版纳勐海县格朗和乡，屹立在流沙河东岸，在傣语里，南糯是笋酱的意思。平均海拔 1400m，年降水量 1500～1750mm，年平均气温 16～18℃。此地有大片的栽培型古茶树茶园，南糯山的普洱茶特点为条索较长紧结。

南峤　南峤茶山如今又被称为勐遮古茶山。勐遮是勐海县境内最大的平坝。明朝隆庆四年（1570 年）设十二版纳时，勐遮、景真和勐翁为一版纳，1927 年这里设县，当时称五福县，三年后更名为南峤县，这也是南峤古茶山得名的原因。1958 年 11 月，南峤（已改名勐遮）县与勐海县合并，改设为勐遮区。

勐宋　勐宋茶山位于勐海县东部，东与景洪市接壤，南接勐海格朗和乡，西南接勐海镇，北与勐阿镇交界。海拔 1500～1800m，降雨适中。

景迈　景迈茶山位于澜沧拉祜（hù）族自治县县城东南 70 公里的惠民乡。海拔

* “六大茶山”一般指普洱茶六大古茶山，位于西双版纳傣族自治州内。除古六大茶山外，现有新六大茶山：南糯、南峤、勐宋、景迈、布朗、巴达。

1100～1570m，常年平均气温 15.5～16.5℃，年降水量 1100～1300mm。此地有千年万亩栽培型古茶园。景迈制茶有充分揉捻的传统，造就了景迈茶条索紧结、较细且黑亮的形态。

布朗 布朗茶山位于西双版纳傣族自治州勐海县南 80 公里处，南部与缅甸山水相连。布朗山是布朗族的主要聚居区，总面积 1000 多平方公里。布朗族为古代濮人后裔，据说他们是制茶的始祖。布朗茶区年降水量 1300～1500mm，年平均气温 18.7℃。

巴达 巴达茶山位于勐海城西 58 公里，勐海县西部，原属巴达乡，今属西定乡，西隔南览河与缅甸相望。海拔 1580～2000m。

表 2-2 新六大茶山

茶山名	释名	古树产地	茶质特色
南糯	（产）笋酱（之地）	竹林寨、半坡寨、姑娘寨等	苦弱回甘较快，涩持续的时间比苦长，香气较平和
南峤			茶性口感薄甜，汤色深橘黄，香气一般，茶叶等级低
勐宋	山顶上的坝子	勐宋大寨、苗锄山、曼加干边、曼加角等	回甘较快、山韵明显、香气饱满、汤质厚重、杯底香强
景迈		景迈、芒景、勐本、老酒房等	回甘快而持久、汤质饱满、苦涩明显、山韵优雅
布朗	布朗族聚居地	老班章、老曼娥、新班章、曼糯等	生津回甘快而持久、滋味浓烈、苦涩明显
巴达	仙人脚印	章郎、曼帕勒等	回甘快而明显、香气纯正、苦涩明显、汤中有甜

（三）古茶树——永不流失的鲜绿

从行政区域划分，云南的古茶树资源分布于全省 16 个州市中的 12 个州市。树高在数米以上的大约有 20 处，树干直径在 100cm 以上的有数十株。普洱市古茶树、西双版纳傣族自治州古茶树、临沧市古茶树皆是在云南具有代表性的古茶树资源。

1. 普洱市古茶树

普洱市（原思茅地区）的种茶历史悠久，境内至今还有大片保护良好、种类齐全的野生型、过渡型、栽培型古茶树和茶园。2700多年的镇沅彝族哈尼族拉祜族自治县千家寨野生型古茶树，上千年的澜沧拉祜族自治县邦崴过渡型“古茶树王”和景迈山万亩人工栽培型千年古茶园，构成了闻名中外的“古茶树博物馆”。

千家寨大茶树：生长海拔2450m，为乔木树型，树姿直立，分枝较稀，树高25.6m，树幅22×20m，最低分枝高3.6m，第二分枝高7.3m，基部干径1.2m，胸径0.89m。根据其生理生态研究资料，结合地理纬度、海拔高度、光照水温等资源条件，茶叶专家推测计算，其树龄为2700年，是迄今世界上发现的最古老的古茶树之一。

千家寨大茶树附近有世界上面积最大、最原始、最完整、茶树为优势树种的植物群落。这些古代大茶树是中国云南为茶树发源地的历史见证。它的发现，对于研究茶树原产地、茶树群落学、茶树遗传多样性、茶树种质资源利用，都具有重大的意义。

邦崴过渡型古茶树：1991年3月，在云南普洱市澜沧拉祜族自治县富东乡邦崴村发现的这棵古茶树，属野生型与栽培型之间过渡型古茶树王。树高11.8m，树幅8.2×9m，根茎处直径1.14m，树龄约1000年，它是普洱茶悠久历史的象征。

景迈山千年古茶园：地处云南省普洱市澜沧拉祜族自治县，景迈茶区包括澜沧县惠民乡景迈村与芒景村，是一片

图2.2 千家寨大茶树

图2.3 邦崴过渡型大茶树

图 2.4　景迈勐本玉会茶林茶王

具有上千年种植历史的万亩栽培型古茶园，是目前云南省所发现最大规模的古茶园。今天，当地人民仍从古茶园采叶制茶，体现了人与自然的和谐发展。

2. 西双版纳古茶树

西双版纳傣族自治州产茶历史悠久，古茶树资源无论是种类、品种、数量、面积均有其特殊性。其现存的古茶树资源绝大部分是栽培型的，野生型古茶树仅有零星分布。栽培型古茶树中，绝大部分为大叶种，从树型来看，古茶树多为乔木型。具有代表性的包括以下几种：

南糯山茶王树：位于勐海县格朗和乡南糯山村委会半坡新寨，海拔 1700m，树型小乔木，树高 5.3m，树幅 9.35×7.5m，基部围 2.4m，树龄 800 年左右。

贺开大茶树：位于勐海县勐混镇贺开村委会曼弄新、老寨交界处，海拔 1600m，树型乔木，树高 3.8m，树幅 7.3×6.55m，基部围 2.12m，树龄 700 年左右。

图 2.5　南糯山古茶树

图 2.6　贺开古茶树

3. 临沧市古茶树

临沧是世界茶树重要的地理起源中心和栽培起源中心，是最早发现和利用茶叶的地区。临沧茶树种质资源丰富，在 2.4 万平方公里的土地上，野生古茶树群落达 80 万亩，分布在全市的七县一区。

（1）临翔区（野生茶树群落 4.5 万亩）

概述：博尚镇永泉营盘山至南美草山，以及邦东大雪山。代表性群落为南美乡野生茶树群落，主要分布于坡脚村仙人箐、铁厂箐、南华山、茶山坡等地。

栽培古茶园：0.9 万亩。

主要品种：为勐库大叶种、凤庆长叶茶和邦东黑大叶茶。邦东乡是临翔区栽培古茶树最多的乡镇，现存栽培古茶树 5000 余亩。

（2）凤庆县（野生茶树群落 3.16 万亩）

概述：凤庆县现存野生茶树群落不少于 17 个，主要分布于诗礼乡古墨、永新乡大尖山、小湾镇香竹箐、小湾镇梅竹等较大区域。

栽培古茶树：3.9 万亩。

主要分布：其中凤山镇 6000 亩、大寺乡 3000 亩、勐佑镇 2500 亩、洛党镇 1500 亩、德思里乡 1800 亩、三岔河镇 2600 亩、雪山镇 2000 亩。

在凤庆县城以东 50 多公里的小湾镇锦绣山村境内，古茶树资源十分丰富，其最大的代表茶树就是闻名世界的香竹箐大茶树，当地人称为“锦绣茶祖”，学界将其称为“世界茶王之母”或“世界茶祖母”。

该古茶树高达 10.6m，树冠南北 11.5m，东西 11.3m，基围 5.84m，周围 10m 以内都没有树木。推算其树龄超过 3200 年，其“年龄”甚至比秦始皇年长近 1000 岁，就在这棵茶树王的身边，至今还有她的子孙 1400 多棵，茶海绿波、生机盎然。“茶祖母”伟岸的身姿傲立于壮丽的澜沧江湾大峡谷中，穿越了 3000 年的历史仍枝繁叶茂，朴拙而高贵。

大味如茶，大道如茶、大隐也如茶。《茶经》言：茶之为用最宜精行俭德之人。当地老百姓说，古茶树是镇家驱灾之宝。古茶树是神，“摘一片能治百病，折一枝却能伤身”，因此远近村子的茶农都不敢随便攀摘。“千年柏木，万年紫金杉，不如古茶一片叶！”他们摘来茶叶，要等 3 个月后在袋里泛出陈香才饮用，长年喝这样的野生古茶，可保一年四季身体少病无灾。

（3）云县（野生茶树群落 4.29 万亩）

概述：古茶园分布于自然保护区内的大朝山、爱华镇黄竹林箐、幸福镇大宗山万明山和漫湾镇白莺山村、大丙山等。

栽培古茶园：2.3 万亩。

主要分布：在大寨镇、爱华镇、后箐乡、茶房乡等地。

（4）永德县（野生茶树群落 12.05 万亩）

图 2.7　白莺山茶树

概述：茶树群落分布地理区域主要在大雪山自然保护区和棠梨山自然保护区，以及澜沧江水系的秧琅河和怒江水系的双河、淘金河、四十八道河、南汀河、永康河、德党河、赛米河流域。

栽培古茶树：0.5 万亩。

主要分布：班卡乡放牛场栽培古茶园、玉化古茶园、忙肺古茶园、梅子箐古茶树、团山古茶园等。

（5）镇康县（野生茶树群落 11.8 万亩）

重点分布：在三台山茶叶箐古茶树群落、绿荫塘野生茶群落、忙丙岔路寨野生茶树群落等。

图 2.8　永德县茶树

栽培古茶园：0.4 万亩。

（6）双江县（野生茶树群落 4 万亩）

概述：勐库邦马大雪山自然保护区和忙糯、大文、邦丙乡的原始森林和次生林中，均为大理茶。

栽培古茶园：2.9 万亩。

主要分布：勐库、沙河、大文和忙糯等 4 个乡镇 73 个村民小组。

（7）耿马县（野生茶树群落 5.7 万亩）

主要分布：大青山自然保护区、大

图 2.9　双江县茶树

兴乡邦驾大雪山自然保护区、芒洪乡大浪坝水库周边原始林及次生林中。

栽培古茶园：0.2 万亩。

代表性栽培古茶园：芒洪户南山古茶园、勐撒芒见古茶园、翁达古茶园、勐简大寨古茶园等。

（8）沧源县（野生茶树群落 5 万亩）

概述：单甲、糯良、勐角、勐董四乡镇相连的范俄山、芒告大山、窝坎大山、大黑山，海拔 1700 ~ 2489m 范围内原始森林和次生林中。

栽培古茶园：0.02 万亩。

代表性茶园：帕迫古茶园。

第三篇

高山云雾，乔木繁茂，嘉木生于彩云之南。

云南是世界茶树的原产地和起源中心，茶树种质资源种类众多，遗传多样性丰富，在茶学研究中占有非常重要的地位。“高山云雾出好茶”。云南茶树资源不仅是普洱茶品质特殊性形成的原因之一，也是云南茶产业可持续发展的基础。

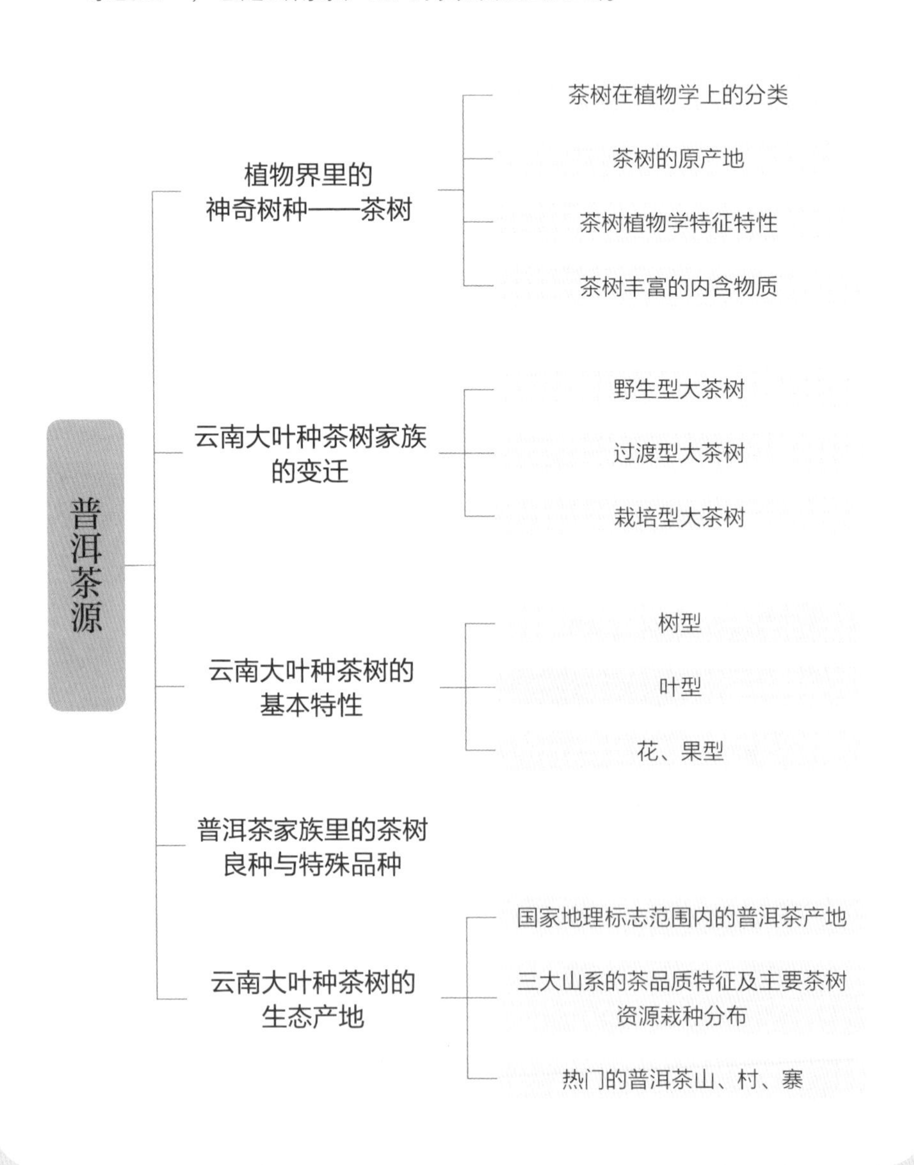

一、植物界里的神奇树种——茶树

茶，古老的东方树叶，作为饮品和药品在中国已经有几千年的历史。研究表明，茶树所属的山茶科植物起源于上白垩纪至新生代第三纪劳亚古大陆的热带和亚热带地区，至今已有6000～7000万年的历史。在这漫长的古地质和气候等的变迁过程中，茶树形成其特有的形态特征及生长发育和遗传规律，具有与其他植物不同的生物学特性。

（一）茶树在植物学上的分类

植物学分类的主要依据是形态特征和亲缘关系，茶树在植物学分类学地位如下：

界　植物界（Regnum Vegetable）
门　种子植物门（Spermatophyte）
亚门　被子植物亚门（Angiospermae）
纲　双子叶植物纲（Dicotyledoneae）
亚纲　原始花被亚纲（Archichlamldeae）
目　山茶目（Theales）
科　山茶科（Theaceae）
亚科　山茶亚科（Theaideae）
族　山茶族（Theeae）
属　山茶属（*Camellia*）
种　茶种（*Camillia sinensis*）

茶（学名：*Camellia sinensis*（L.）O.Kuntze），乔木、小乔木或

灌木，嫩枝无毛。叶革质，长圆形或椭圆形，先端钝或尖锐，边缘有锯齿，叶柄无毛，花白色，花期每年10月至翌年2月。

（二）茶树的原产地

17世纪以前，普遍公认茶树原产于中国，1753年，植物分类学家林奈对中国武夷山茶树标本进行研究，将茶树命名为*Thea sinensis*，即中国茶树。此后其他学者又发现印度阿萨姆地区有野生大茶树，又认为茶树起源于印度，后来又有学者认为茶树原产地在缅甸的伊洛瓦底江发源处的中心地带。自20世纪以来，尤其是20世纪后半叶，我国茶叶工作者在全国各地展开了广泛的茶树品种资源调查研究，发现了大量的野生茶树和相关资料，充分证明茶树的原产地在中国。

（三）茶树植物学特征特性

茶树植株是由根、茎、叶、花、果实和种子等器官构成的整体。根、茎、叶为营养器官，主要功能是负担营养和水分的吸收、运输、合成和贮藏，以及气体的交换等，同时也有繁殖功能；花、果实、种子等是生殖器官，主要是繁衍后代的功能。

茶树在形态学和生物学上区别于其他物种，体现在以下几个方面：①茶树叶为异面叶，叶片分为栅栏组织和海绵组织，茶叶中的主要有效成分都蕴含在海绵组织中；②茶树叶片在三分之二处有网状闭合叶脉；③茶树为自交不亲合物种；④茶树的特有成分为茶氨酸和茶多酚。同时茶树在形态上有大叶种和小叶种之分。普洱茶的茶叶原料为大叶种，内含物质丰富，为普洱茶在存放过程的后续发酵提供了物质来源。

（四）茶树丰富的内含物质

在茶的鲜叶中，水分约占了75%，干物质为25%左右。到目前为止，茶叶中经分离、鉴定的已知化合物有700多种，其中包括蛋白质、糖类、脂肪、多酚类、色素、氨基酸、咖啡碱、芳香物质、皂甙等。这些都是构成茶叶汤色、香气、滋味的重要组分。其中茶叶中的氨基酸、糖类是构成茶叶中香气、滋味的重要组分；多酚类物质是构成茶叶色泽、滋味的重要组分；咖啡碱具有提神的功效；茶皂甙、茶多糖、茶多酚都具有抗癌的功效。

二、云南大叶种茶树家族的变迁

在著名的普洱茶主产区普洱、西双版纳、临沧聚集了野生型、过渡型、栽培型的古茶树和古茶园。临沧大黑山野生茶园、普洱澜沧拉祜族自治县邦崴乡上千年的过渡型古茶树王、景迈山万亩人工栽培型千年古茶园、临沧地区凤庆县香竹箐人工栽培型大茶树，构成了闻名中外的“古茶树博物馆”。

（一）野生型大茶树

野生型大茶树，通常是指在一定的自然条件下，经过长期的演化和自然选择而生存下来的一个类群。在人类懂得栽培利用之前，茶树都是野生的。野生型大茶树的存在，证明了中国是世界茶叶的发源地。通常野生型大茶树多为乔木，树姿高挺，树高 3m 以上，嫩叶无毛或少毛，叶缘有稀钝齿，因叶片革质化程度较高，揉捻不易成条索，毛茶颜色多呈墨绿色，但野生茶的酯型儿茶素含量较低，对口感的刺激度较低，滋味甜醇。不过，大部分野生茶都有轻微毒性，会造成腹泻腹痛的问题，所以不适合长期饮用。

（二）过渡型大茶树

过渡型古茶树为乔木型大茶树，它的发现，填补了野生茶树到栽培茶树之间的空白，改写了世界茶叶演化史。这对研究茶树的起源进化、茶树原产地、茶树良种选育等课题，提供了重要的研究材料。

因为过渡型的大茶树有人工管理，所

图 3.1　野生型茶树

图 3.2　过渡型茶树

以产生的变异较少。过渡型大茶树既有野生大茶树的花果种子的形态特征，又具有栽培茶树的芽叶枝梢特点，其鲜叶可以直接利用。

1991年3月，在云南省普洱市澜沧拉祜族自治县富东乡邦崴村发现了一株介于野生型和栽培型之间的古树茶王，树龄约1000年。这也是普洱茶悠久历史的象征。

过渡型大茶树的茶叶嫩叶多白毫，叶缘细锐齿，叶脉主副脉明显，制成毛茶多为黄绿或深绿色，内含物质丰富，香气较高扬，回甘耐泡度都很好。

（三）栽培型大茶树

栽培型茶树是指人类通过对野生茶树进行选择、栽培，创造出的茶树新品种。它是自然选择和人工选择的产物。

在云南省普洱市澜沧拉祜自治县惠民乡的景迈山有万亩人工栽培型的古茶园，是目前云南省发现的最大规模的古茶园。栽培型大茶树具有一般大叶种茶树的性状，且性状较为稳定，品质优异。通常制成毛茶外形条索紧细，色泽暗绿，香气有明显的兰花香或蜜香，茶汤滋味饱满，回甘好。

图3.3　栽培型茶树

三、云南大叶种茶树的基本特性

茶树的树型通常有乔木、小乔木和灌木型三类。云南大叶种茶树通常为乔木型或小乔木型，在茶园大规模栽培的茶树，为了便于管理和采摘，通常将树高控制在 90~110cm。

（一）树型

乔木型茶树主干明显，分支部位高，自然生长状态下，树高通常达 3~5m 以上，野生茶树可高达 10m 以上，其根系十分发达，主根明显。

小乔木型茶树属于乔木和灌木的中间类型，也有明显的主干和分枝部位，自然生长状态下，植株高度中等，树冠直立高大，根系也较发达。

灌木型茶树无明显主干，树冠较矮小，自然生长状态下，树高通常只达 1.5 ~ 3m，分枝近地面且稠密。其根系分布浅，侧根发达。

图 3.4　乔木型茶树

图 3.5　小乔木型茶树

图 3.6　灌木型茶树

（二）叶型

茶树的叶片大小通常用成熟叶的叶面积来划分。茶树定型叶的叶面积大于 50cm² 的茶树叶称为特大叶类，叶面积等于 28～50cm² 的茶树叶称为大叶类，叶面积等于 14～28cm² 的茶树叶称为中叶类，叶面积小于 14cm² 的茶树称为小叶类。通常云南大叶种茶树叶色较深，叶背面着生茸毛，叶缘有锯齿，有些品种叶面隆起度更高。其发芽早，白毫多，茎粗且节间长，叶肉厚实。

图 3.7　茶树叶细节图

（三）花、果型

茶树花为两性花，由花柄、花萼、花冠、雄蕊和雌蕊五个部位组成。花萼位于花的最外层，绿色或褐绿色，起保护花瓣的作用。花冠，也就是花的花瓣，一般呈白色，少数呈粉红色，数目通常为 5～9 片。茶果为蒴果，成熟时果壳开裂。果皮未成熟时为绿色，成熟后变为棕色或绿褐色。果皮光滑，厚度不一，薄果皮的成熟得早，厚果皮的成熟得晚。

图 3.8　茶树花细节图

图 3.9　茶树果实细节图

四、普洱茶家族里的茶树良种与特殊品种

云南大叶种茶树的鲜叶是制作普洱茶的原料，中国云南是茶树起源的中心和原产地，有着世界上最为丰富的茶树种质资源。目前云南省有地方茶树品种199个，其中有性系良种153个，无性系良种46个。截至2015年，云南省共有国家级良种5个：勐海大叶种、勐库大叶种、凤庆大叶种、云抗10号、云抗14号；省级良种19个，获得国家植物新品种保护权品种4个。丰富的茶树品种资源，为普洱茶优异的品质提供了保障。下面就为大家介绍一些云南本土的优异大叶种茶树和一些人工选育的优异茶树品种。

表 3-1　优异大叶种品种资源

品种名称	繁殖方式	树型	叶面积	营养芽物候期	产量和适制性	抗逆性	适栽地区
勐海大叶种	有性系	乔木型	大叶类	早生种	产量较高，适制普洱茶、红茶、绿茶	强	西南、华南茶区
勐库大叶种	有性系	乔木型	大叶类	早生种	产量较高，适制普洱茶、红茶、绿茶	强	西南、华南茶区
凤庆大叶种	有性系	乔木型	大叶类	早生种	产量高，适制普洱茶、红茶、绿茶	强	西南、华南茶区

续表

品种名称	繁殖方式	树型	叶面积	营养芽物候期	产量和适制性	抗逆性	适栽地区
云抗10号	无性系	乔木型	大叶类	早生种	产量高，适制普洱茶、红茶、绿茶	强	西南、华南茶区
云抗14号	无性系	乔木型	大叶类	早生种	产量高，适制普洱茶、红茶、绿茶	强	西南、华南茶区
长叶白毫	无性系	乔木型	大叶类	早生种	产量高，适制普洱茶、绿茶	较强	西南茶区
云茶1号	无性系	乔木型	大叶类	早生种	产量高，适制普洱茶、绿茶	强	西南茶区
云梅	无性系	乔木型	大叶类	早生种	产量中等，适制普洱茶、绿茶	强	西南茶区
矮丰	无性系	乔木型	大叶类	早生种	产量中等，适制普洱茶、绿茶	强	西南茶区
紫娟	无性系	乔木型	大叶类	早生种	产量中等，适制普洱茶、绿茶、红茶	强	西南茶区

五、云南地理环境分布——大叶种茶树的生态产地

（一）国家地理标志范围内的普洱茶产地

普洱茶地理标志产品保护范围以云南省人民政府《关于确定普洱茶地理标志产品保护范围的函》（云政函〔2007〕134号）提出的范围为准，为云南省昆明市、楚雄彝族自治州、玉溪市、红河哈尼族彝族自治州、文山壮族苗族自治州、普洱市、西双版纳傣族自治州、大理白族自治州、保山市、德宏傣族景颇族自治州、临沧市等11个州部分现辖行政区域。

普洱茶地理标志保护产品专用标志证书

（编号：DLBZ-160）

根据国家质量监督检验检疫总局发布的2015年第159号公告，核准勐海县杨聘号茶叶有限公司使用普洱茶中华人民共和国地理标志保护产品专用标识，特发此证。

公告日期：2015年12月25日

证书查询　扫一扫

审图号：GS（2008）1394号

图 3.10　普洱茶地理标志保护产品专用标志证书

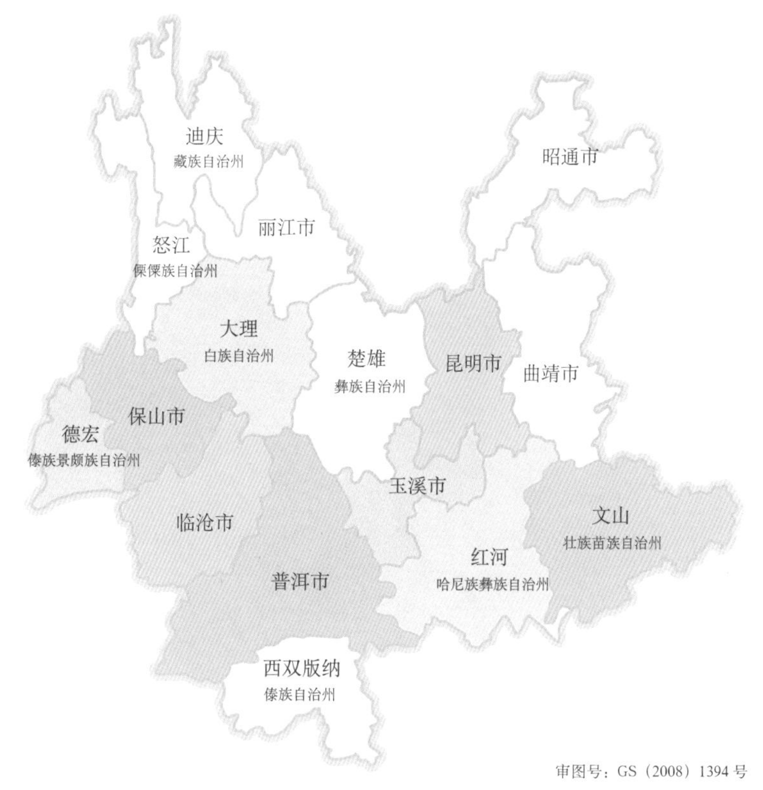

审图号：GS（2008）1394号

图 3.11　国家地理标志范围内的普洱茶产地

（二）三大山系的茶品质特征及主要茶树资源栽种分布

云南省地处青藏高原东南缘的云贵高原，全境由西北向东南倾斜，西北为喜马拉雅山余脉，为高山峡谷，东南呈扫帚形放射状，逐渐趋于平缓，海拔下降。云南高原处于低纬度地区，决定了它的气候总体是热带区类。其雨季受印度洋、孟加拉湾湿气控制，全省大部分地区冬暖夏凉，具有四季如春的气候特征，其气候类型丰富多样，有北热带、南亚热带、中亚热带、北亚热带、南温带、中温带和高原气候区共7个气候类型。由此可见，整个云南茶区陆生生态系统的气候多样性，为茶树的生长提供了良好的生态环境。同时也为茶树的生态种、变种的形成提供了环境资源。

云南茶山的主体，在北纬25°以南的横断山区。横断山区高黎贡山、怒山、云岭这三大山脉的南段（一般称余脉），是云南茶资源集中分布的地区。这三大山脉的余脉基本上以怒江、澜沧江、元江为界，被分成三大山系，即怒山余脉山系、云岭余脉山系、高黎贡山余脉山

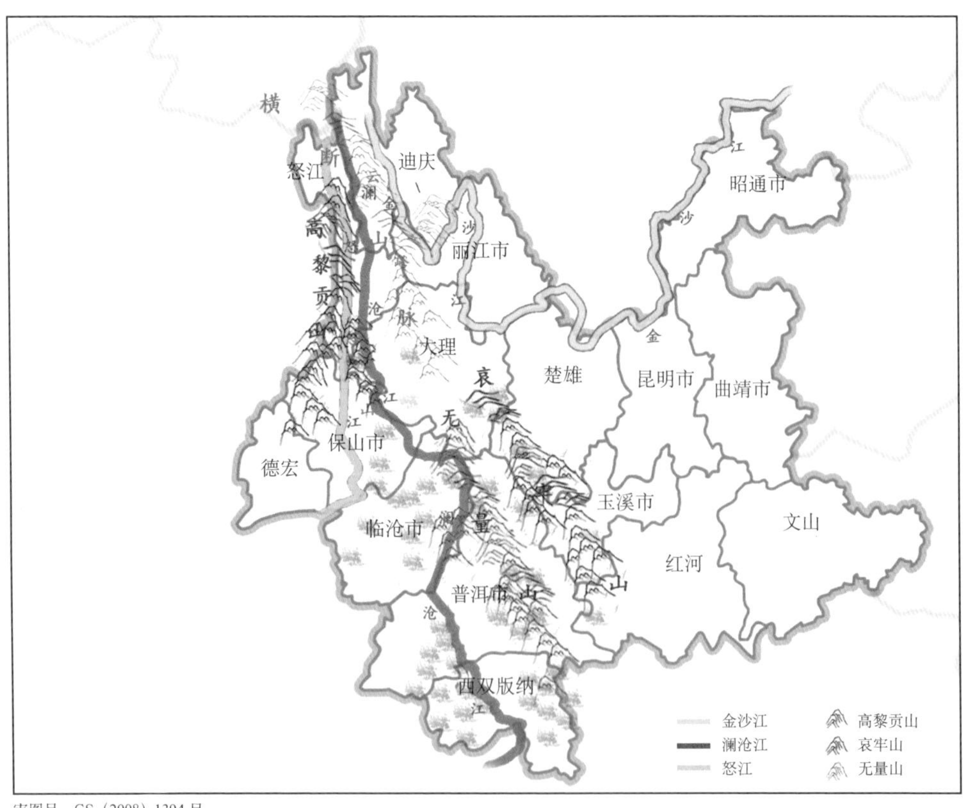

审图号：GS（2008）1394号

图3.12 三大山系的主要茶树资源栽种分布图

图 3.13　无量山山脉

图 3.14　哀牢山山脉

系。其中无量山、哀牢山、高黎贡山的茶树资源十分丰富，且具有代表性。

无量山：无量山古称蒙乐山，以“高耸入云不可跻，面大不可丈量”闻名。此地位于北纬 23º 57′ ～24º 44′，东经 100º 22′ ～101º 04′ 之间。北起大理巍山、南涧南部，中间经过普洱市镇沅县、景谷县，南部抵达西双版纳，绵延数百公里，形成云岭余脉重要的“茶带”。当地主体为 2000m 以下的低山丘陵与宽谷，属于南亚热带气候。此地有大面积成片野生古茶树，历史上著名的古六大茶山——攸乐、莽枝、革登、倚邦、蛮砖、曼撒（易武）都在无量山。

哀牢山：哀牢山是云岭南延之脉，第四纪喜马拉雅造山运动形成，海拔 2080～3165.9m，位于云南省中部，属云岭的东支山脉，呈西北－东南走向。北起楚雄市，南抵红河哈尼族彝族自治县南部的绿春县，是滇西横断山脉的滇东云贵高原两大地貌的分界线。此地峰峦叠嶂，云蒸霞蔚，气象万千，原始森林，苍苍茫茫，被誉为镶嵌在植物王国皇冠上的“绿宝石”。其中著名的镇沅千家寨古树茶树就在哀牢山中，还有著名的马邓茶，以及大理南涧茶园。总体来说，整个哀牢山系的古树茶，都属于条索肥硕的典型大叶种茶，其香气浓厚持久，茶汤入口甜，涩感转化得较快。

高黎贡山：高黎贡山位于保山、腾冲、泸水三市县交界处，山势陡峭，峰峦起伏，气势雄伟。当地海拔在 1000~4000m 之间，主峰海拔 3780m，属典型的亚热带气候，植被垂直分布明显。高黎贡山的古树茶群落主要分布在德宏

图 3.15　高黎贡山山脉

州及保山市腾冲县境内。这些古树茶群落中，有野生型茶，有过渡型茶，也有人工栽培型茶。这三类茶树伴生于常绿阔叶林和灌木林中，呈现“大分散，小集中”的特点。

（三）热门的普洱茶山、村、寨

普洱茶区主要地域分布是在今天的西双版纳和普洱市思茅区一带，两地山水相连，位于东经 99º01'~102º19'、北纬 20º08'~24º50' 之间，大部分县（市）处在北回归线（北纬 23º26'）以南，属热带北缘及南亚热带地区，日照充足，年平均气温在 18~20℃之间，年平均降水量在 1500mm 左右，平均湿度在 80% 以上，具有温热湿润的气候特征。此区域保留了热带雨林、季雨林和受季风影响的湿润亚热带常绿阔叶林，成为地球上北回归线附近稀有的一片绿洲，同时，独特的自然条件和优越的生态环境使其成为世界茶树原产地的中心地带。由于云南的地理气候环境的多样性，生长在云南不同地区的山、村、寨的普洱茶品质各不相同，各有特征。下面给大家介绍几个普洱茶界里的热门产地。

老班章：位于西双版纳傣族自治州勐海县布朗山布朗族乡。当地平均海拔 1700m，最高海拔达到 1900m，整个自然村全部处于热带雨林之中，植被丰富，降水充沛。老班章村产的茶叶号称“茶王”，其特点为条索粗壮且长，芽头肥壮且多茸毛，茶汤滋味浓厚饱满，香气高锐持久，香型介于兰花香和蜜香之间，且杯底留香比一般古树茶更持久，初入口苦涩，但转化很快，回甘持久明显。

攸乐：攸乐茶山现称基诺山，位于西双版纳傣族自治州景洪市基诺乡，为古六大茶山现存最大的古茶树茶区，海拔 575 ~ 1691m，地处北热带、南亚热带

图 3.16　热门的普洱茶山村寨产地位置

图 3.17　老班章古茶树

气候的山区，年平均温度 18～20℃。当地气候条件优越，生物资源、土地资源丰富。当地土壤属砖红壤性的红壤，有机质含量较高，pH 值在 5.1～5.7 之间，土层深厚，土壤肥沃。攸乐茶香气纯正，汤色黄绿明亮，滋味苦涩但回甘快。

易武：易武茶山位于西双版纳傣族自治州的勐腊县，当地海拔在 656～2023m 之间，由于海拔差异大，形成了立体型气候，不同的小区气候条件造成了不同的生态环境。易武茶山包括刮风寨、落水洞、弯弓、麻黑等古茶园，是六大茶山里面积最大、产量最大的茶山。易武茶具有条索黑亮，芽叶较长，汤色金黄，香气高扬，苦涩较轻，回甘好的特点。

苦竹山：苦竹山位于景谷傣族彝族自治县，地处东经 100°02'~101°07'、北纬 22°49'~23°52' 之间，当地海拔 2200m，属于南亚热带气候，年降水量 1250mm，森林覆盖率达 74.7%，为全国森林覆盖率的 5 倍多，土壤主要为赤红壤。当地保存着大约 1500 亩的栽培型古树茶园，有着悠久的制茶产茶历史。苦竹山茶条索

图 3.18　攸乐古茶树

图 3.19　易武古茶树

图 3.20　苦竹山古茶树

紧实，香气高扬，汤色黄绿明亮，滋味甜醇回甘。

昔归：昔归茶产于云南省临沧市临翔区邦东乡境内的昔归村忙麓山，年均气温21℃，年降水量1200mm，当地海拔750m。当地土壤为澜沧江沿岸典型的赤红土壤，森林植被为亚热带季雨林。昔归茶属于邦东大叶种，条索较长，色泽墨绿，香气高带兰花香，汤色明亮清澈，滋味稍苦涩，回甘好。

图3.21　昔归古茶树

冰岛：冰岛村位于临沧市双江县勐库镇，海拔多为1600m左右，最高海拔达到2000m，属于南亚热带气候，年降水量1180mm。此地为著名的古代产茶村，由冰岛、地界、南迫、糯伍、坝歪五个寨子组成。当地以生产冰岛大叶种茶闻名，是该县最早有人工栽培茶树的地方之一。相比老班章的滋味浓烈，冰岛茶条索肥壮显毫，滋味清甜细腻，苦涩味较轻，蜜香馥郁纯正，回甘持久，是一款滋味柔和的茶。

图3.22　冰岛古茶树

第四篇

神秘普洱茶——普洱茶加工的变化美

宝剑锋从磨砺出，自然天成与人工精制，造就普洱茶的独特品质。

普洱茶，不但是历史名茶，而且因其不同于其他茶类的加工工艺对我们来说充满了神秘色彩。在这里就让我们一起去领略普洱茶在原料品种、加工工艺方面丰富多彩的变化之美，去感受大叶种鲜叶的生命律动。

普洱茶有着悠久的历史，具有特殊的生产工艺。精湛的加工工艺是优质普洱茶品质形成的原因之一。随着科学技术的发展，在保持优秀传统生产工艺的同时进行科学革新，提升普洱茶的加工工艺，促进普洱茶生产效率和能力的提高，推进着普洱茶生产加工的清洁化、标准化、科学化。

一、普洱茶之基——云南大叶种茶鲜叶

（一）灵动的芽叶

云南丰富多样的气候类型，造就了各具风采的茶树鲜叶。在茶树鲜叶幼嫩的时候，它的上下表面都披着一层洁白的绒毛，即茸毛或毫毛。背面比表面的茸毛要多、嫩叶比老茶叶的多，茶叶表面茸毛平卧延展。一般芽叶上茸毛多者，茶叶品质相对较好。分枝密度适中的茶树，通风透光较好，利于芽叶的充分生长发育，所萌发的芽叶肥、壮、多。

嫩叶色泽与成茶品质的关系也很大。嫩叶背卷的茶树，生长势和持嫩性较强，一般发芽整齐，有利于采摘和茶叶加工；叶片大而下垂或水平状着生的茶树，生长势旺盛；叶面隆起和富有光泽的茶树，育芽能力强，持嫩性好，叶质柔软容易揉捻成条，加工成的茶叶外形美观。一般认为叶片厚、叶色深、叶身内折的茶树品种抗逆性较强。

图 4.1　茶园萌动的芽叶

茶鲜叶不同部位的描述如下：

叶尖：描述形状有急尖、渐尖、钝尖、圆尖。

叶基：叶基部至最后一对锯齿处，分楔形（狭长）、椭圆、圆形等。

叶面：分平滑、隆起、微隆等。凡隆起的叶片，叶肉生长旺盛，叶肉组织发达，叶面光泽性好的为优良品种。

叶缘：分平展、波、微波。叶缘上有锯齿，分粗、细、深、浅、钝并数其对数，一般为16~32对。随着叶片老化，锯齿上的腺细胞脱落并留有褐色疤迹。

叶齿：锐度（锐、中、钝）、密度（密：1厘米内锯齿数≥5；中：1厘米内锯齿数3~4；稀：1厘米内锯齿数小于3）和深度。

叶质：分硬、脆、中和柔软等。一般大叶种叶大柔软而小叶种则脆硬，叶片硬脆，则制茶品质不良，但抗逆性好。

叶身：分内折、平、背卷。

叶脉对数：由主脉分出的闭合侧脉对数。

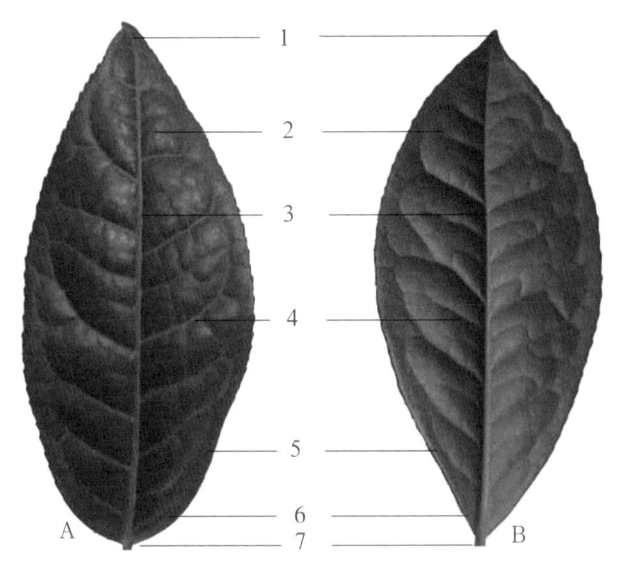

图4.2　茶树叶片

（1. 叶尖　2. 叶片　3. 主脉　4. 侧脉　5. 叶缘　6. 叶基　7. 叶柄）

（二）丰富的内含物质

1. 水分

鲜叶一般含有 70%~80% 的水分，而芽叶采摘的部位、采摘的时间、气候条件、茶树品质、气候条件、茶树品种、栽培管理、茶树长势等等各因素会影响其含水量。例如，同一天，早上含水量最高；雨水叶大于晴天叶；大叶种大于中小叶种。

鲜叶中水分可分为表面水和组织水。表面水是指粘附在叶片表面的水分。组织水又可分为自由水（游离水）和束缚水。自由水主要存在于细胞液和细胞间隙中，呈游离状态，能自由流动，易通过气孔向外扩散。束缚水又叫结合水，主要存在于细胞的原生质中，它不能自由流动，只有在原生质发生变化后才能变为自由水。

2. 多酚类化合物

多酚类化合物是一类由 30 多种多羟基的酚性物质所组成的混合物的总称，主要是黄烷醇类，也称儿茶多酚类。此外，还有酚酸类、花青素和花白素。鲜叶中的多酚类化合物含量一般在 20%~35%（干重）。多酚类化合物是茶叶内含可溶性物质中最多的一种，它对茶叶品质的形成影响很大，对人体生理与健康也有重要作用。

它的化学性质一般比较活跃，在不同的加工条件下，发生多种形式的转化，形成多种不同的产物。因此，制茶品质就主要取决于多酚类化合物的组成、含量和比例，以及在不同的制茶过程中转化的形式、深度、广度和生成的转化产物。

3. 蛋白质

蛋白质是一类含氮化合物，鲜叶中的蛋白质含量一般在 20%~30%（干重）。蛋白质主要是由各种氨基酸组成，在一定条件下，蛋白质分解成氨基酸。在茶叶中发现了 26 种氨基酸，其中 20 种蛋白质氨基酸，6 种非蛋白质氨基酸（茶氨酸、豆叶氨酸、谷氨酰甲胺、γ－氨基丁酸、天冬酰乙胺、B- 丙氨酸）。

茶叶中游离氨基酸很少，约占干物质的 1%~3%。据日本茶学界的研究资料，茶叶中主要的游离氨基酸是茶氨酸、天门冬氨酸、谷氨酸、精氨酸、丝氨酸、苏氨酸和丙氨酸等。其中茶氨酸是茶叶中特有的氨基酸，它是组成茶叶鲜爽香味的重要物质之一。

茶叶中还含有一类特殊的蛋白质类物质——酶类，对于品质转化具有重要作用。鲜叶中的酶类包括水解酶、磷酸化酶、裂解酶、氧化还原酶、异构酶和转换酶等。水解酶类中有淀粉酶、蛋白酶，氧化还原酶类有多酚氧化酶、过氧化物酶和抗坏血酸氧化酶等。

4. 生物碱

鲜叶中的生物碱含量一般在 0.005%~0.03%（干重），主要是咖啡碱、可可碱、茶叶碱。其中，咖啡碱含量最多，其他的较少，但都具有重要作用。鲜叶中咖啡碱含量随新梢生长而降低，芽最高，梗的含量最低。因此，咖啡碱含量与鲜叶老嫩呈正相关。通常大叶种的咖啡碱含量大于小叶种，夏茶大于春茶，遮阴大于露天。茶叶中咖啡碱含量与品质成正相关，其味微苦，是茶汤滋味的主要物质之一。

5. 糖类

糖类物质也叫碳水化合物，在鲜叶中约占干物质重的20%～30%，可分为单糖、双糖和多糖三种。单糖包括葡萄糖、半乳糖、果糖、甘露糖、阿拉伯糖等；双糖包括麦芽糖、蔗糖、乳糖等。这两类糖均溶于水，具有甜味，是构成茶汤浓度和滋味的主要物质；除此之外，它还参与香气的形成。

多糖是指淀粉、纤维素、半纤维素、果胶及木质素等。多糖无甜味，除水溶性果胶外，都不溶于水。其中，淀粉可在一定制茶条件下水解为麦芽糖或葡萄糖，可增加茶汤滋味。纤维素、半纤维素的含量随叶片老化而增加，其含量可作为鲜叶嫩度的标志之一。水溶性果胶对茶叶品质有一定影响，有黏性，有利于茶叶形状的形成，此外，它还能增进茶汤浓度和甜醇度。糖类物质除水溶性果胶外，都随新梢发育而增加。

6. 芳香物质

鲜叶中的芳香物质含量一般在0.005%~0.03%（干重），是构成不同茶类千变万化的香气物质的基础。组成茶叶香气的芳香物质种类很多，含量极微，组合比例千变万化，香气类型由此也就多种多样。在鲜叶中，芳香物质主要是醇（含羟基）、醛（含醛基）、酮（含酮基）、酯类和萜烯类等。每一个基团对香气都有影响，如大多数酯类物质有水果香，醛类有青草气。

7. 色素

鲜叶中含有各种色素，含量一般为1%（干重），主要有叶绿素、花黄素、叶黄素、胡萝卜素和花青素。花黄素与花青素都属酚类物质，花黄素类主要指黄酮及其衍生物。鲜叶中的黄酮色素及其苷主要有槲皮素、杨梅酮、黄芪苷。叶绿素可分为叶绿素A（墨绿色）和叶绿素B（黄绿色），叶绿素A的含量是叶绿素B的2~3倍，叶绿素总量比胡萝卜素约高4倍，使叶子在正常情况下为绿色。

一般，鲜叶中的叶绿素随叶片成熟含量逐渐增加，幼叶含量低（叶色黄绿），老叶含量高（叶色绿）。此外，中小叶种大于大叶种，遮阴大于露天；多施N肥叶绿素会含量高。叶绿素属脂溶性色素，它是影响绿茶干茶和叶底色泽的重要物质，对汤色的影响是次要的。

（三）茶叶的组织

鲜叶叶片内的内部结构可分为表皮细胞和叶肉细胞两大部分，细分可分为上表皮、下表皮、栅栏组织、海绵组织、支柱细胞和叶脉结构。

1. 表皮细胞

鲜叶叶片的上下表皮细胞的外壁上有一层角质膜，角质膜的最外一层是蜡质层，蜡质层下面是角质层，角质层与表皮细胞之间有果胶质与纤维素组成的界面。初展叶就有角质层，但是不明显。不同品种的茶树鲜叶角质层厚度不同，中小叶种叶质不如大叶种柔软，嫩叶比老叶更柔软。又由于幼嫩叶面缺少蜡质层保护，在热加工中容易灼焦，嫩叶耐热性较差，失水较快。

鲜叶的下表皮与上表皮都是波浪形细胞交错连接而成，同样在其外面覆盖着一层角质膜。气孔和茸毛分布在下表皮。大叶种的单位叶片面积气孔数较少，气孔的保卫细胞较大，有利于蒸腾作用，所以大叶种萎凋过程失水较中小叶种快。

2. 叶肉细胞

鲜叶叶片的细胞主要是叶肉细胞，如栅栏组织和海绵组织细胞，都是薄壁细胞。栅栏组织细胞呈圆柱形，排列整齐，没有细胞间隙。大叶种的栅栏组织只有 1 层，而中小叶种却有 2～3 层。大叶种的栅栏组织细胞内叶绿体较多，有 60～100 片层，中小叶种只有 20～40 片层。通常大叶种的海绵组织细胞较小叶种多，因此，儿茶酚等有效物质较多，制成的茶叶味道较浓。

在叶肉中除栅栏组织、海绵组织外还有叶脉（维管束）。叶脉是输导水分和物质的输导组织。它可分为机械组织、木质部、韧皮部、形成层。但嫩叶未形

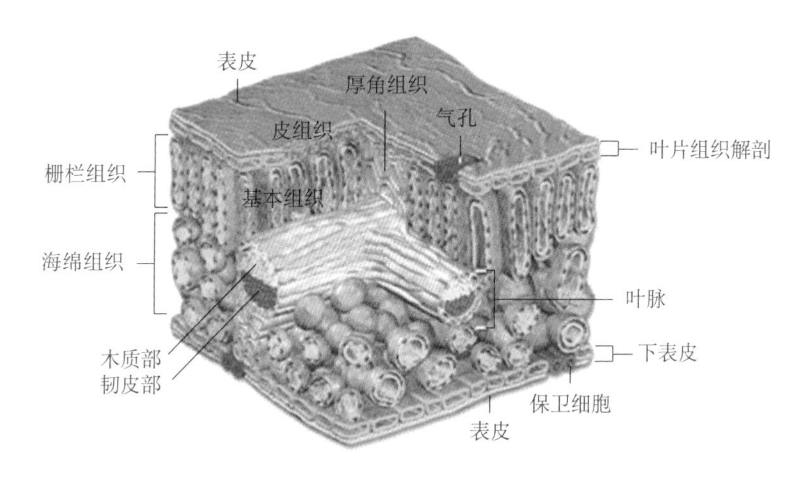

图 4.3　叶片组织结构

成机械组织，随着生长逐渐分化形成，因此嫩叶叶质较柔软。

液泡即在细胞质中充满液体的胞腔，液泡内主要是水，所以它的黏性比细胞质低，它是多酶类化合物、咖啡碱、蛋白质、类脂物质等的贮存场所。有两层液胞膜将其与细胞质隔开。嫩叶中的液泡比较小，正在逐渐形成，随叶质老化逐渐增大。

二、茶鲜叶变身茶叶——普洱茶的诞生

（一）沐浴光辉——普洱茶初长成

1. 鲜叶——开启普洱茶神奇之旅

鲜叶是茶叶品质的物质基础，只有优质的鲜叶才能制出优良的茶叶。鲜叶指的是专门供制茶用的茶树新梢，也称“茶鲜叶”。它包括新梢的顶芽、顶端往下的第一、二、三、四叶以及着生嫩叶的梗。

鲜叶决定了普洱茶未来的品质。普洱茶鲜叶采摘的规格有：芽、一芽一叶、一芽二叶、一芽三叶、一芽四叶。嫩梢生长成熟、出现驻芽的鲜叶叫做“开叶面”，其中第一叶为第二叶面积的一半，叫做“小开面”；第一叶长成第二叶的三分之二，叫做“中开面”；第一叶长到与第二叶大小相当，叫做“大开面”。还有一种鲜叶有驻芽，但节间极短，两片叶子行为对生，又小又硬又薄，是一种不正常新梢，叫做“对夹叶”。个别也有对夹三叶。

表 4–1　普洱茶鲜叶采摘标准

级　别	芽 叶 比 例
特　级	一芽一叶占 70% 以上，一芽二叶占 30% 以下
一　级	一芽二叶占 70% 以上，同等嫩度其他芽叶占 30% 以下
二　级	一芽二、三叶占 60% 以上，同等嫩度其他芽叶占 40% 以下
三　级	一芽二、三叶占 50% 以上，同等嫩度其他芽叶占 50% 以下
四　级	一芽三、四叶占 70% 以上，同等嫩度其他芽叶占 30% 以下
五　级	一芽三、四叶占 50% 以上，同等嫩度其他芽叶占 50% 以下

2. 摊青——奠定普洱茶内质之美

茶叶采摘后在一定时间内，仍然是个活的有机体，还具有呼吸的功能来维持新陈代谢，细胞中的糖类分解，产生二氧化碳，放出大量的热能。如果要使鲜叶保持新鲜度，就需要降低叶温，延缓消耗，我们称这样的过程为摊青。

摊青奠定了茶汤的滋味和香气物质基础。大叶种鲜叶含水量较高，其茶多酚含量也高很多，较长时间的摊放可散发较多水分，能促进一部分水解酶活性的提高，使部分大分子化合物如酯型儿茶素和蛋白质水解成小分子化合物，改善口感。

图 4.4　鲜叶摊青

3. 杀青——留驻云南大叶种原有物质

杀青是通过高温破坏和钝化鲜叶中的氧化酶活性，抑制鲜叶中的茶多酚等的酶促氧化，蒸发鲜叶部分水分，使茶叶变软，便于揉捻成形，同时散发青臭味，促进良好香气的形成。普洱茶主要杀青方式分为锅炒杀青、滚筒式杀青。

图 4.5　杀青

杀青对普洱茶的品质形成起决定作用，如果控制不好将影响茶叶的品质。杀青一般掌握“高温杀青、先高后低；老叶嫩杀、嫩叶老杀；抛闷结合、多抛少闷”等原则。

4. 揉捻——聚集、释放大叶种的风味物质

揉捻，是普洱茶鲜叶杀青之后的制作工序，借由外力使茶叶表面与内部细胞组织破坏，组织液体附着于茶青表面，利于冲泡时增加香气口感，以及让内含物质均匀释出。普洱茶揉捻的目的，主要在于使茶青成条索状，并使茶叶表面裂而不破，易使茶叶内含物均匀而充分释出。揉捻不足的茶叶，条索成片、口感清淡；揉捻过度，茶品会无光泽、汤色混浊、苦涩度高，干燥储存后易有杂味。

普洱茶生产中的揉捻工序，可分为手工揉捻和机器揉捻两种。手工揉捻现多应用于小批量的古树茶生产，揉捻的手法要求动作弧形，圆活完整，连贯协

调，刚柔并济，类似于太极拳套路手法，使茶叶受力均匀，利于成条；机器揉捻相较而言更为省力，生产效率高，多用于台地茶等大宗茶品的生产制作。揉捻的投叶量一定要适度，不宜过多或过少，过多揉捻不均匀，条索揉不紧，造成松散或者扁碎的条索多；投叶量过少则不易造形，揉捻成条困难。

在鲜叶揉捻完毕后，要尽快将结团的茶叶解块，迅速降低温度，以避免产生闷味及干燥不足产生的闷酸现象。解块的另一个优点是能将多余的水汽排除，快速冷却鲜叶，能使干燥后的茶青保持翠绿，有光泽。解散团块时，会抖松条索，影响条索紧度。实际应用时要注意，不需解散团块的就不要解块。

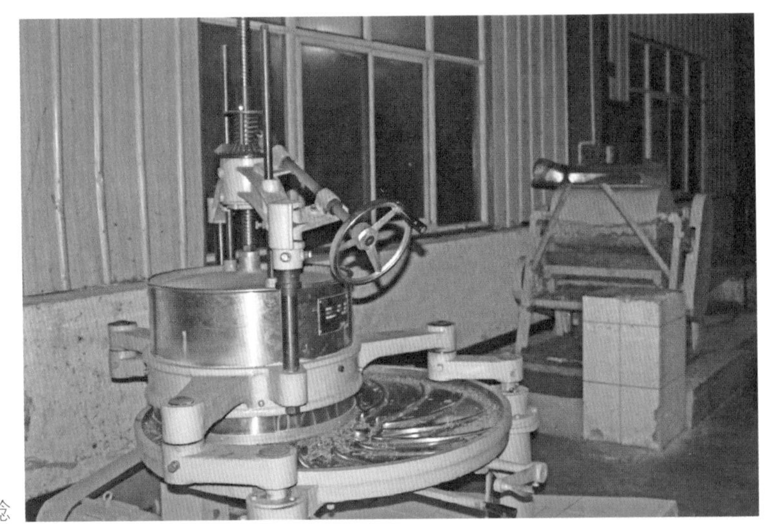

图 4.6　揉捻

图 4.7　晒场

5. 干燥——赋予普洱茶阳光和温度下的色香味

干燥是普洱茶原料加工的最后一道工序，也是决定普洱茶原料品质的重要工序之一。干燥过程除了降低水分达到足干、便于贮藏存放以待加工外，同时还有进一步形成普洱茶原料特有的色、香、味、形的作用。

普洱茶原料加工的干燥方式主要是日光干燥，加工后的普洱茶原料含水量在 10% 左右，可以较长时间地保存，同时还能向着普洱茶陈化品质的方向发展。普洱茶原料的干燥因时间长，受各种自然条件影响较大，因此优质普洱茶晒青原料来之不易。

（二）普洱生茶的加工

1. 原料验收

普洱茶原料进厂后，对照收购标准样复评验收，按验收等级归堆入仓。同时检测含水量，一般来说，普洱茶原料一至八级含水分 9%～12%即可入仓。用于加工普洱茶的原料分为十级，逢双设样，另外加了一个特级，具体见下表。

表 4–2　晒青毛茶分级标准

级别	外形	色泽	内质	滋味	汤色	叶底
特级	外形条索肥嫩紧结，芽毫显毫	色泽绿润，整碎匀整，稍有嫩茎	内质香气清香浓郁	滋味浓醇回甘	汤色黄绿清净	叶底柔韧显芽
二级	外形条索肥壮紧结，显毫	色泽绿润，整碎匀整，有嫩茎	内质香气清香尚浓	滋味浓厚	汤色黄绿明亮	叶底嫩匀
四级	外形条索紧结	色泽墨绿润泽，整碎尚匀整，稍有梗片	内质香气清香	滋味醇厚	汤色绿黄	叶底肥厚
六级	外形条索紧实	色泽深绿，整碎尚匀整，有梗片	内质香气纯正	滋味醇和	汤色绿黄	叶底肥壮
八级	外形条索粗实	色泽黄绿，整碎尚匀整，梗片稍多	内质香气平和	滋味平和	汤色绿黄稍浊	叶底粗壮
十级	外形条索粗松	色泽黄褐，整碎欠匀整，梗片较多	内质香气粗老	滋味粗淡	汤色黄浊	叶底粗老

2. 筛分

普洱茶（生茶）的筛分除沱茶比较细致外，其余均较简单，但必须分出盖面（又称撒面茶）、底茶（又称里茶），剔除杂物。茶厂一般采取按产品单级付制、单级收回，经风选、拣剔后分别拼成面茶与里茶。

3. 半成品拼配

普洱茶压制前，压制材料一般分为面茶和里茶。经过筛分后的半制品筛号茶，分别对照普洱茶（生茶）加工标准样进行审评，确定各筛号茶拼入撒面茶和里茶的比例。按比例拼入撒面茶和里茶的各筛号茶，经拼堆机充分混合后待用。

4. 蒸压

普洱茶（生茶）压制材料为准备好的面茶和里茶。

（1）称茶

称茶是成品单位重量是否合乎标准计量并防止原料浪费的关键，必须经常校正和检查衡量是否准确。

（2）蒸茶

蒸茶的目的是使茶坯变软便于压制成型，并可使茶叶吸收一定水分，进行后期发酵，同时可消毒杀菌。蒸茶的温度一般保持在90℃以上。要防止蒸得过久或蒸汽不透面，过久造成干燥困难，蒸汽不透面造成脱面掉边，影响品质。

图4.8　称茶

图4.9　蒸茶

图 4.10　压茶

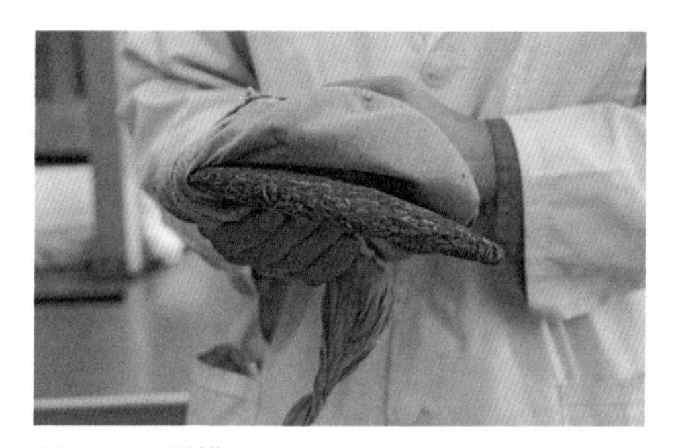
图 4.11　脱模

图 4.12　干燥

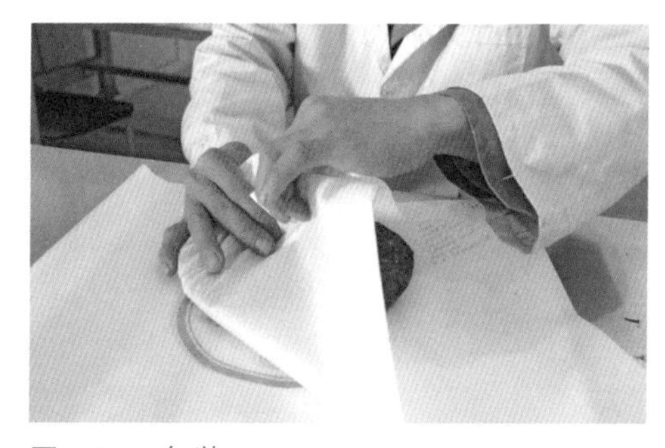
图 4.13　包装

（3）压茶

压茶分为手工和机械压制两种，在操作上要掌握压力一致，以免厚薄不均，装模时要注意防止里茶外露。

（4）脱模

压制后的茶坯在茶模内冷却定型 3 分钟后，可退压。退压后的普洱茶紧压茶要进行适当摊晾，以散发热气和水分，然后进行干燥。

（5）干燥

传统制法是把成品放置在晾干架上，让其自然失水干燥到成品标准含水量，时间一般长达 5～8 天，多则 10 天以上，造成人力物力的浪费，而且影响品质，现已改用烘房干燥。利用管道将锅炉蒸汽余热通向干燥室，室内设烘架，下面排列加温管道，温度可达 45℃。

（6）包装

经过干燥的成品茶，进行抽样，检验水分、单位重量、灰分、含梗等指标，对品质进行审评。

（三）百鸟朝凤——普洱茶熟茶应运而生

1. 原料的聚集——大叶家族的大聚会

普洱茶（熟茶）是以符合普洱茶产地环境条件的云南大叶种晒青茶为原料，经后发酵（渥堆）工艺加工形成的茶类，分为散茶和紧压茶两大类。晒青原料，通过筛分、拣剔、干燥，检验合格后，即可付制。

2. 固态发酵——大叶种的涅槃

晒青原料经适度潮水发酵是普洱茶熟茶风味特征形成的必要条件。普洱茶后发酵（微生物固态发酵）前在普洱茶原料中加入一定量的清水，拌匀后即可后发酵（微生物固态发酵）。潮水量的多少直接关系着微生物的滋生环境、叶温高低及湿热作用的强弱。潮水量要根据气候、晒青毛茶的级别来定，总的原则是高档茶的潮水量少些，低档茶的潮水量多些；气候干燥湿水量要适当增加。

后发酵（微生物固态发酵）是普洱茶（熟茶）加工技术的重要工序，也是形成普洱茶（熟茶）独特品质的关键性工序。形成普洱茶（熟茶）品质的实质是以云南大叶种普洱茶原料（晒青）的内含成分为基础，在后发酵过程中微生物代谢产生的呼吸热及茶叶的湿热作用使其内含物质发生氧化、聚合、缩合、分解、降解等一系列反应，从而形成普洱茶（熟茶）特有的品质风格，由青涩变甜醇，由清香到陈香。

普洱茶香气成分的重要特点在于固态发酵过程中形成了大量芳香族化合物，而甲氧基及其衍生物、醛、酮、醇及萜类物质是普洱茶的主要陈香成分。不同优势菌发酵的普洱茶在主要陈香成分组成上有一定的差异，这反映了微生物的重要作用，也体现了普洱茶独有的陈化机理。用黑曲霉发酵的普洱茶滋味醇和，香气陈香透花果香；酵母菌发酵的普洱茶滋味浓醇甘滑，香气陈香较显；根霉发酵的普洱茶滋味醇甘滑，陈香显；木霉发酵的普洱茶滋味醇厚回甘，香气陈香透花木香。

翻堆技术是影响普洱茶（熟茶）品质和制茶率的关键，也是生产中人为控制较容易的技术部分，必须掌握好，根据发酵程度、发酵堆温、湿度及发酵环境的变化，进行适时翻堆。在整个发酵过程中，要经过4～5次的翻堆，整个发酵过程需时30～40天。后发酵过程中，水分含量是逐渐减少的，而温度是逐步升高的，最高温度以控制在65℃以下为宜。控制水分和温度的变化，对茶叶可溶性成分的变化起着积极的作用。多酚类化合物在后发酵过程中的氧化速度与温度的高低、时间的长短有关。随着后发酵温度的升高，氧化加剧，故后发酵温度不能过高，时间也不能过长。否则茶叶会“炭化”（俗称“烧堆”），将致使茶叶香低、味淡、汤色红暗。反之，后发酵温度太低，时间太短，也会造成发酵不足，使多酚类化合物氧化不足，则茶叶香气青味重，滋味苦涩，汤色黄绿，不符合普洱茶（熟茶）的品质要求。

1973年，中国茶叶总公司云南茶叶分公司，根据市场发展及消费者对普洱茶的要求，研制出了人工渥堆技术，即普洱茶后发酵加工工艺。后来对普洱茶的加工工艺进一步研究，渐臻成熟，于1979年制定云南省普洱茶加工工艺试行

图 4.14　普洱茶发酵的不同发展阶段

办法，并在全省茶厂推广实施。普洱茶渥堆技术，加速了茶叶陈化，缩短了发酵时间，形成了普洱茶的特色。使普洱茶在所有茶叶品系、品类中脱颖而出。

虽然目前对普洱茶发酵技术有一定创新和改进，但关键技术不变。经过了不断地更新和改进，现在已发展到智能化、自动化的全新发酵阶段。为了普洱茶更好地发展，生产技术就必须与国际先进标准和管理体系接轨，并在普洱茶企业中予以推行，以保证普洱茶质量安全和品质稳定，实现普洱茶产业健康发展。

3. 筛分——普洱自身品质的分水岭

筛分是普洱茶（熟茶）散茶加工中，将茶叶进行粗细长短分离的重要环节。筛分主要是分出茶叶的粗细、长短、大小、轻重的重要环节，也依此确定茶叶号头。根据各级别对样评定后，分别堆码；同时通过筛分整理后可确定紧压茶的撒面茶与包心茶。

以筛分要求定普洱茶各号头，一般按茶叶老嫩决定圆筛、抖筛及风选联机，使用的筛孔配置按茶叶老嫩而决定，即“看茶做茶”。根据筛网的配置把普洱茶分筛为正茶 1、2、3、4 个号头和茶头、脚茶。正茶送拣剔场待拣，茶头进行洒水回潮后解散团块，脚茶经再分筛处理后制碎茶和末茶。

各级别对样评定，进行分别堆码。筛分好的级号散茶可以分装，也可以蒸压后做成紧压成型茶。拣剔是把茶叶中的杂质除去。要求对各级各号茶进行拣剔，剔出茶果、茶花、老梗等茶类夹杂物，头发、树叶等非茶类夹杂物。验收合格后，分别堆码待拼配。

表 4-3　普洱茶熟茶（散茶）分级

宫廷	特级	一级	三级	五级	七级	九级

4. 拼配匀堆——普洱群英显雄姿

拼配匀堆指根据茶叶各花色等级筛号的质量要求，将不同级别、不同筛号、品质相近的茶叶按比例进行拼和，使不同筛号的茶叶相互取长补短、显优隐次、调剂品质、提高质量，保证产品合格和全年产品质量的相对稳定，并最大限度地调剂普洱茶口味和实现茶叶的经济价值。拼配是保持和发扬云南普洱茶的独特特性的重要环节。

紧压茶则需根据紧压茶加工标准样进行审评，确定各筛号茶拼入面茶和里茶的比例。对筛分好的级号茶，根据厂家、地域、品种、季节的不同，结合普洱茶市场的要求，拼配出所需的茶样，再根据茶样制定生产样和贸易样。

5. 润茶

润茶，即根据茶叶含水量状况，按一定比例提前向茶坯洒水回潮，使茶叶含水量达 15%~18%，是为了保持茶叶芽叶的完好，防止茶叶在压制时破碎的前处理。润茶水量的多少依据茶叶的老嫩程度，空气湿度大小而定。润茶后的茶叶容易蒸压成型，但润茶后的原料应立即蒸压，否则茶叶可能会变质。

6. 蒸压

蒸茶的目的是使茶坯变软便于压制成型，并可使茶叶吸收一定水分进行后发酵，同时可消毒杀菌。蒸茶的温度一般保持在 90℃以上。要防止蒸得过久或蒸汽不透面，过久造成干燥困难，蒸汽不透面造成脱面掉边影响品质。

压茶分为手工和机械压制两种，在操作上要掌握压力一致，以免厚薄不均，装模时要注意防止里茶外露。压制后的茶坯需在茶模内冷却定型 3 分钟以上再退压，退压后的普洱紧压茶要进行适当摊晾，以散发热气和水分，然后进行干燥。

7. 干燥

云南普洱熟茶（紧压茶）干燥方法有室内自然风干和室内加温干燥两种。干燥的时间随气温、空气相对湿度、茶类及各地具体条件而有所不同。温度不可超过 60℃，过高会产生不良后果。

8. 包装

云南普洱熟茶（紧压茶）包装大多用传统包装材料，如内包装用棉纸，外包装用笋叶、竹篮，捆扎用麻绳、篾丝。各种包装材料要求清洁无异味，包装要扎紧，以保证成茶不因搬运而松散、脱面。

9. 仓储陈化

普洱茶贮藏一段时间，逐渐形成普洱紧压茶特有的风格，其陈香随后期转化时间的延长而增加。成品茶必须贮藏于清洁、通风、避光、干燥、无异味的仓库，避免成品与原辅料、半成品混杂堆放，防止被沾染串味。贮藏环境要求湿度低于 75%，温度 25℃左右。

图 4.15　普洱砖茶

三、普洱茶之塑——大叶变身多姿态普洱

图 4.16　普洱砖茶

（一）千姿百态的普洱茶

1. 普洱砖茶

有长方形或正方形，重量小至 3g，大到 7.7 吨，以 250g、1000g 居多，制成这种形状主要是为了便于运送。

2. 七子饼茶

七子饼茶是现在对云南普洱茶的一个统称，而七子饼最开始是为了方便运输，以七两七的重量压制成饼，呈扁平圆盘状，又每七个为一柱，故名七子饼。以七两七的重量命名，而七子饼 357g 的重量，也有一种取 3+5+7=15 的寓意，15 在中国传统文化中，代表圆满。重如铁饼，美似圆月，圆而不滑，有锋而不

图 4.17　普洱饼茶

图 4.18　普洱沱茶

图 4.19　普洱沱茶

图 4.20　金瓜贡茶

3. 普洱沱茶

普洱沱茶形状跟饭碗一般大小，净重规格有 100g、250g，现在还有迷你小沱茶，每个净重 2～5g。造型有的像心形，有的又似熊熊燃烧的火焰。

4. 金瓜贡茶（人头贡茶）

金瓜贡茶被压制成大小不等的半瓜形，从 100g 到数百斤不等，自古便作为朝廷的贡品。普洱金瓜贡茶，是现存的陈年普洱茶中的绝品，港、澳、台茶界称其为“普洱茶太上皇”。该茶生产始于清雍正七年（1729 年），选取西双版纳一级芽茶，制成团茶、散茶和茶膏敬贡朝廷。这种芽茶经过长期存放，会转变成金黄色，故人头贡茶亦称金瓜贡茶或金瓜人头贡茶。

5. 柱茶

柱茶被压制成大小不等的柱状形，小的竹筒大小，几两不等，大的几十斤、几百斤，甚至可达二十几吨。有记载的最大茶柱重达 20.8 吨。在柱形茶中最有名气和特色的就是千两茶。千两茶因以古秤 1000 两为计量而得名（古时 16 两为 1 市斤，千两约为 32 千克）。民国年间云南景东一带生产柱茶，调往“蒙化”（巍山），被当地老辈茶人称为“松花茶”。

今天，柱状茶功能得到了延伸和发展。大的柱形茶立于大堂之中，反映主人的喜好品位，小的柱形茶藏于竹筒之中，竹馨茶香，竹之高洁、茶之韵味相

露，此为中庸之道也。人生如茶，茶寓人生。

图 4.21　最大柱茶（重 20.6t、高 4.5m）

融和，体现了别样的云南风情。

6. 工艺茶

所谓工艺茶就是将云南普洱茶压制成字画、棋子、图腾、牌匾、花鸟虫鱼等特制造形茶。茶品大致可分为：

（1）普洱工艺饼茶

表面有字的普洱工艺饼茶常见的有“福”、“禄”、“寿”、“禧”、“龙凤呈祥”、“马到成功”、“招财进宝”、“镇宅之宝”等系列吉祥字句工艺茶饼，以及传统婚庆纪念性系列茶饼、铜钱状的圆茶饼等；表面有图的普洱工艺饼茶常见的有栩栩如生的“十二生肖系列”茶饼、“茶马古道”图案系列茶饼、“奔马图”图案系列

图 4.22　工艺饼茶

茶饼、“古茶树”图案系列茶饼、“纪念郑和下西洋”图案系列茶饼等。这些普洱工艺茶饼的直径、厚度、重量目前没有标准加以规范。

（2）普洱工艺砖茶

普洱工艺砖茶上有的绘有图画、写有诗文，有的是十二生肖造型，有的写有祝福话语，形式多样，不一而足。普洱工艺砖茶主要以普洱工艺茶匾的形式出现。茶匾的图案常采用吉祥物、民间艺术、人物、书法、绘画等艺术元素通过特殊工艺压制而成，比较常见的图案有“百寿图”、“八骏图”、“双龙戏珠”、“九龙壁”、“双狮献宝”、“福禄寿喜”、“吉祥如意”、“恭喜发财”、“福星高照”、“龙腾四海”、“大展鸿图”、“一帆风顺”、“马到成功”等等。普洱工艺茶匾规格不一，重量从 1kg 到 180kg 不等，极具有观赏和收藏价值。

图 4.23　工艺砖茶

图 4.24　特型茶

（3）普洱工艺柱茶

普洱工艺柱茶的图案以盘龙为主，规格大小也是不一。

（4）普洱工艺特形茶

对联工艺茶、屏风工艺茶、古钱币工艺茶、象棋工艺茶、茶壶、茶杯、茶船三位一体的精制茶具工艺茶、茶雕工艺茶、工艺礼品茶、作为挂件的工艺茶、供摆设用各种形象工艺茶、拴有中国结的工艺茶等，荟萃成普洱工艺特形茶的大家庭。

总之，普洱工艺茶不胜枚举，美不胜收。这类茶因选料精细、工艺考究、茶中有寓意以及数量稀少而备受关注。

（二）普洱茶标准实物样

1. 普洱茶标准的制定和意义

普洱茶是原产于云南省的独具特色

图 4.25　特型茶

的传统历史名茶，随着市场经济的建立和完善，茶叶品牌的创立和新产品的开发受到广泛的重视。普洱茶质量标准化是我国茶叶行业亟待解决的问题。普洱茶标准的制定对云南省普洱茶生产的种植环境、种苗、种植、加工和验收等综合技术要求等方面进行了规范，在种植、加工环节上保证了普洱茶产品的品质，对云南省茶叶产业结构调整、合理利用自然资源具有重要意义。

通过制定普洱茶综合系列标准，并经行业内部自律，做到有标准可循，使茶业企业的生产、加工、检验、销售和管理进一步纳入标准化、规范化、专业化。

普洱茶标准化，就是指制定、发布并实施与普洱茶相关的基础、卫生、技术、产品和管理标准，以保证普洱茶产品的质量，使普洱茶在生产、加工及管理等方面获取最佳的规范制度和效益，使普洱茶的卫生与质量符合消费者的需求。按照对象、作用和性质的不同，可以将普洱茶标准分为普洱茶工作标准、普洱茶技术标准和普洱茶管理标准；按照标准的适用领域和有效范围，可以将普洱茶标准分为普洱茶国家标准、普洱茶地方标准、普洱茶企业标准和普洱茶行业标准。

对于当前我国的普洱茶标准化工作，我们建议主要应考虑以下几个方面：

（1）普洱茶基础标准。即对普洱茶的概念、名词、术语、适制普洱茶的茶树品种、种苗、茶树生长要求的生态环境条件、采摘时间、采摘要求、产量等作出的规定。

（2）普洱茶产品标准。包括对普洱茶种类、品种、规格、质量分级、加工工艺、技术指标、检验规则、包装、贮藏和运输等方面的规定。其内容包括普洱茶品质规格、普洱茶包装和普洱茶检验方法。另外还涉及出口普洱茶取样方法、出口普洱茶品质感官审评方法、出口普洱茶水分测定方法、出口普洱茶总灰分测定方法、出口普洱茶水浸出物测定方法、出口普洱茶包装检验方法、出口普洱茶中六六六、DDT残留量检验方法（水冲泡法和有机溶剂提取法两种）、出口普洱茶重量鉴定方法、出口普洱茶感官审评室条件等。

（3）普洱茶卫生标准。主要参照国家标准和一些国际标准执行。

2. 普洱茶标准样

分为普洱茶生茶标准样、普洱茶熟茶散茶标准样、普洱茶熟茶紧压茶标准样。

（1）普洱茶生茶标准样

普洱生茶是以符合普洱茶产地环境条件下生长的云南大叶种茶树鲜叶为原料，经杀青、揉捻、日光干燥、蒸压成形等工艺制成的紧压茶。其品质特征为：外形色泽墨绿，香气清纯持久，滋味浓厚回甘，汤色绿黄清亮，叶底肥厚黄绿。

普洱茶生茶标准样是根据晒青毛茶

标准样的等级研制标准样，并且根据不同型制制成砖、饼、沱生茶标准样。普洱茶生茶标准样压制相关参数见下表。

表 4-4　普洱茶生茶标准样相关参数

形制	里		面		外形		重量（g）
	茶样等级	比例（%）	茶样等级	比例（%）	形状	参数	
砖	二级	50	特级	50	砖块	长 × 宽 × 高 =14×9×2cm	250
饼	二级	50	特级	50	圆饼形	直径 180mm 中心高 25mm 边厚 10mm	357
沱	二级	50	特级	50	碗臼状	口直径 7cm 高 4.5cm	100

（2）普洱熟散茶标准样

普洱熟茶散茶分为宫廷、特级、一级、三级、五级、七级、九级。不同级别的普洱茶有各自的特点。级别的划分主要是以嫩度为基础，嫩度越高的级别也越高。衡量嫩度的高低主要看三点：一是看芽头的多少，芽头多、毫显者嫩度高；二是看条索（叶片卷紧的程度），紧结、重实的嫩度好；三是色泽光润的程度，色泽光滑、润泽的嫩度好，色泽干枯的嫩度差。如优质的普洱散茶外形金毫显露、色泽褐红（或深棕）润泽、匀整一致、条索紧细、重实。

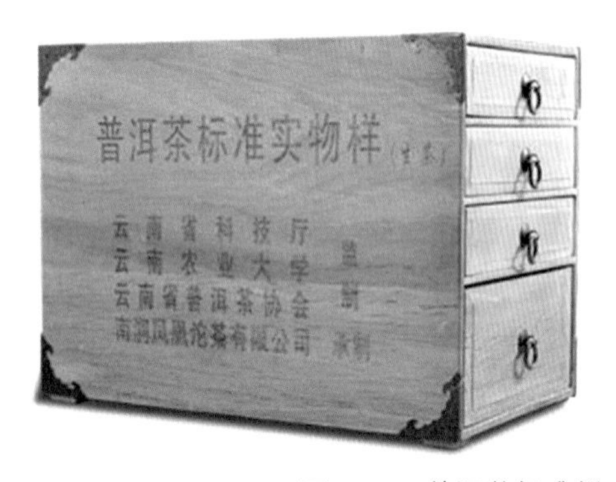

图 4.26　普洱茶标准样

（3）普洱熟茶紧压茶

普洱紧压茶外形主要有如下要求：形状匀整端正；棱角整齐，不缺边少角；模纹清晰；撒面均匀，包心不外露；厚薄一致，松紧适度；色泽以黑褐、棕褐、褐红色为正常。普洱茶熟茶（紧压茶）标准样是根据熟茶（散茶）标准样的等级制备，有砖、饼、沱标准样。

普洱茶熟茶紧压茶标准样压制相关参数见下表 4-5。

表 4–5　普洱茶熟茶（紧压茶）标准样相关参数

型制	里		面		外形		重量（g）
	茶样等级	比例（%）	茶样等级	比例（%）	形状	参数	
砖	特级 一级	25 25	宫廷	50	砖块	长 × 宽 × 高 =14×9×2cm	250
饼	特级 一级	25 25	宫廷	50	圆饼形	直径 180mm 中心高 25mm 边厚 10mm	357
沱	特级 一级	25 25	宫廷	50	碗臼状	口直径 7cm 高 4.5cm	100

四、丰富多彩的普洱茶产品

普洱茶独特的风味品质是由茶树生长自然环境、品种、生产及加工技术等综合因素而形成的，普洱茶产品形式多样，目前市场上主要有传统普洱茶和再加工普洱茶及深加工普洱茶、普洱茶食品等。

（一）传统普洱茶产品

1. 散茶

普洱熟茶散茶按制作标准将等级分为宫廷、特级、一级、三级、五级、七级、九级，是指晒青茶经后发酵、干燥、精制、分级、包装后的产品。

2. 紧压茶

普洱茶紧压茶是以云南大叶种晒青茶或普洱熟茶散茶为原料经蒸压成型、干燥后而成的，分普洱生茶、熟茶两大类。

（1）传统的普洱茶紧压茶。砖、饼、沱等紧压茶是普洱茶最常见的产品形状，一般传统的普洱茶饼茶每饼重量为 357g，普洱茶砖茶每块重量为 250g，普洱茶沱茶每个重量为 100g。

图 4.27　紧压茶

（2）小型化、微型化的紧压茶。为了使普洱茶适应大众消费、方便消费，将紧压茶小型化是一种有效的方法。小沱茶、小砖茶的形状多种多样，每个小包装产品的重量一般为 3 ~ 6g，市场上也可见到 2g 的和 10g 的。

（二）再加工普洱茶产品

1. 花香型普洱茶

依据普洱茶和香花具有吸香和吐香的特性，经两者并和窨制，再压制成普洱茶紧压茶，如菊花普洱茶（熟茶）、玫瑰普洱茶（熟茶）、茉莉普洱茶（生茶）等。

图 4.28　花香型普洱茶

菊花与普洱茶搭配冲泡，让人口感清爽。菊花清热解毒，普洱茶性温和，两者同时饮用，性能调和，功效倍增。具有散风热、平肝明目的作用，对治疗风热感冒、头昏目眩、目赤肿痛、心胸烦热、疔疮、肿毒及高血压有较好的功效。据《本草纲目》记载：菊花性寒、味甘，具有清肝明目、散风去热的功效，是很好的保健饮品，用来入普洱茶最妙。普洱茶茶性温和，滋味平淡，香气低沉，以菊花入普洱茶，能破其陈、益其香、滋其味、化其俗，于养生也大有裨益。以菊花入茶大约始于近代，我国广东、香港、澳门等地一直有将普洱茶与菊花合饮的习俗，称作“菊普茶”。

2. 陈皮普洱茶

陈皮普洱茶别名橘普茶、柑普茶，是精选具有“千年人参，百年陈皮”之美誉的新会柑皮与被誉为茶中减肥之王的云南陈年熟普洱经过特殊工艺加工而成，无任何添加剂，茶叶清香甘爽，疏肝润肺、消积化滞、宜通五脏，维生素

图 4.29　陈皮普洱

图 4.30　科技普洱袋泡茶

含量丰富，是润肺、健胃、降脂、解酒、解烟毒、美容、减肥的首选佳品。陈皮普洱茶性温和甘醇，老少皆宜，特别适合中老年人养生常饮，是孝敬长辈的上佳茶品。

3. 袋泡、速泡纸杯普洱散茶

袋泡茶是将茶叶装入滤纸（无毒尼龙或者植物纤维）袋中，连袋冲泡的茶包。速泡纸杯茶是将普洱茶和一次性纸杯融合为一体，经加工处理后，用滤纸将普洱茶隔离、隐藏在杯底和杯壁，冲泡时不漏茶渣。这种形式的普洱茶具有“定量、卫生、方便、快速、质量相对稳定”等特点。

图 4.31　袋泡茶

（三）深加工普洱茶产品

1. 浓缩普洱茶

浓缩普洱茶是以成品或半成品普洱散茶为原料，以水为溶剂，通过萃取获得茶叶水可溶物，经浓缩而成，如目前许多茶厂加工的普洱茶膏。

图 4.32　普洱茶膏

图 4.33　普洱茶膏

普洱茶膏是将云南特有的乔木大叶种茶叶经过加工与发酵后，通过特殊的方式将茶叶的纤维物质与茶汁分离，将获得的茶汁进行再加工，还原成更高一级的固态速溶茶。

普洱茶膏的制作方法主要包括采摘、处理、浸提、净化、浓缩、干燥、定型、烘干、包装等步骤：

（1）采摘及处理：普洱茶膏制作所用的茶叶原料有鲜叶、生茶、熟茶。原料的采摘、选择和适当拼配很重要，这不仅关系到普洱茶膏的品质汤色，而且直接影响到生产成本与经济效益。一般多选用七至九级普洱茶或茶叶副产品作原料。为了提高品质及经济效益，可适当地加入 20%～30% 的高档茶，则可在很大程度上提升最终产品的品质。普洱茶原料在浸提前应进行适当地粉碎，一般通过 40～50 目筛或轧碎度掌握在 0.35mm 左右。

（2）浸提：浸提时一般选择水作溶剂。浸提时要综合考虑茶和水的比例以及萃取温度、萃取时间、萃取次数和萃取液品质之间的相互影响。浸提用水量不可太多，否则茶汤浓度太低，不利于后期浓缩加工，能耗也大。常用的茶和水的比例为 1 ：9～1：15 之间。萃取的温度也要把握好，水温在 100℃左右，浸提的茶水汤色和香气较好，但茶叶苦涩；水温在 90℃左右，浸提茶水的味道较好，但汤色、香气较淡。浸提普洱熟茶时，适宜温度大约为 85℃；浸提普洱生茶时，适宜温度大约在 95℃。浸提时间一般为 10～15min 为宜，浸提次数一般为 1～2 次。

（3）净化：净化是指除去茶叶浸提液小杂质和沉淀物的过程。在浸提液中常会含有少量茶叶碎片，悬浮物冷却后时常会产生沉淀物，这些物质必须除去。净化的方法有物理方法、化学方法和生物技术方法三种。

（4）浓缩：净化后的浸提液浓度较低，须先浓缩。使固形物含量增加至 30%～50%。即提高干燥效率，以利于获得低密度的颗粒状普洱茶膏。浓缩的方法有蒸发浓缩、冷冻浓缩和真空浓缩等几种方法。目前人们多使用高温蒸发浓缩，但使用真空浓缩方法的越来越多。从保证普洱茶膏浸提物的汤色、香气、品质方面而言，冷冻浓缩和真空浓缩是较佳的方法。

（5）干燥：干燥工序对普洱茶膏的

内质、外形及可溶性都非常重要。常用的干燥方法有喷雾干燥、冷冻干燥、真空滚筒干燥和发泡干燥等。喷雾干燥由于具有干燥效率高，普洱茶膏制品的溶解性好、质量小、体积小、成本低，在定型包装中能获得充满度等优点，因而是首选的方法。

（6）定型：干燥后制出的是普洱茶膏颗粒状半成品，不易存放，容易吸潮而结块变质，损失香气或汤色加深，所以要加以定型。普洱茶膏定型常用的有两种方法——高压定型和常温风干定型，可将颗粒普洱茶膏半成品及 95% 的酒精以 100∶6 的配剂放到模具中高压定型或常温风干即可。

2. 速溶普洱茶

浓缩后再经冷冻或喷雾干燥而成，称之为速溶茶，如普洱茶粉。浓缩茶与速溶茶都具有方便、无渣、卫生、速溶、便于调制等优点。

3. 普洱茶饮料

饮料茶是 20 世纪 80 年代兴起的液态茶叶饮品。包括纯液态茶和调味液态茶两类。调味型的产品既具有茶叶原有的滋味，又具有添加果类和香料的独特风味。

图 4.34　普洱茶粉

图 4.35　普洱茶粉

4. 普洱茶食品

普洱茶在食品中应用广泛。民间有多种以普洱茶为原料食用的茶餐，如普洱茶紫米粥、普洱茶味糖果、普洱茶糕点、普洱茶酱、普洱茶面条、普洱茶酒、普洱茶叶蛋等。

5. 普洱茶日化品

普洱茶中的多种成分除具有营养和药效功能外，还有健康美肤、抗菌消炎、除臭等作用，这些功效的发现，使普洱茶应用于日化领域成为可能。利用普洱茶粉颗粒吸附结晶紫后制出染料，普洱茶色素还可用做食品糖果类的着色剂以及用于化妆品、染发剂的生产等方面。

第五篇

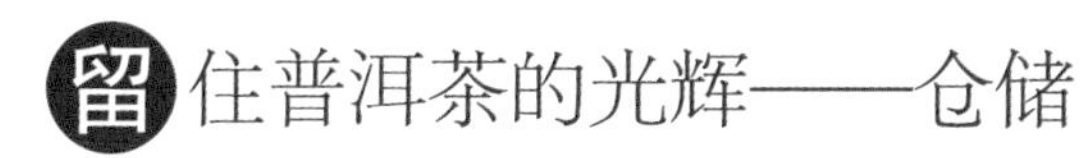

幽幽普洱，润泽心灵，科学存储，留住普洱茶光华。

普洱茶的品质形成需要一定的贮存时间，贮存时间的长短决定了普洱茶品质特色的形成，贮藏环境的好坏影响着普洱茶品质的好坏。所以，科学的仓储可以在一定时间内改善和提高普洱茶的品质。

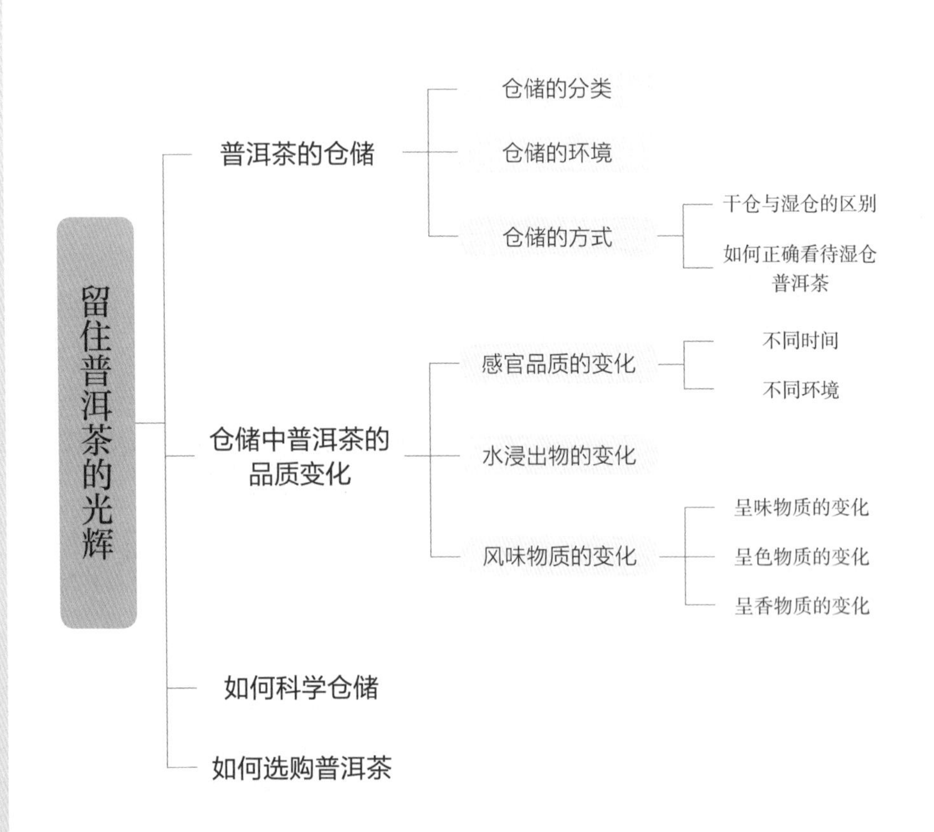

一、普洱茶的仓储

优质的原料、精湛的工艺、科学的仓储是形成优质普洱茶的必要条件。随着普洱茶的发展，人们对普洱茶越陈越香的特性有了更深的认识，仓储也逐渐变得受重视了，从私人收藏发展到企业设立茶叶存储仓库，进而演变为专门建立专业化的技术茶仓、科技茶仓，由最初的存储功能不断发展到交易、展示、发现潜在价值、传播茶文化等功能。仓储现在已经成为普洱茶流通环节中必要的一环，并将成为继种植、生产、销售后的一个新兴行业，甚至可以通过仓储实现完善行业体系，达到整合资源、树立品牌、带动普洱茶发展的作用。

（一）仓储的分类

现代仓储大致有两种分类方法：依地域划分和依功能划分。

地域划分：根据仓储地的地理位置、气候条件、微生物菌群和存储后风味的不同而划分出以地名来命名的茶仓。依地域区分大致可分为云南仓、香港仓、广东仓、大马仓，但目前大部分前述仓储方式已不被认可。除了以上几个存储仓地域外，还有很多适宜普洱茶存储的地方。仓储使同样原料、加工工艺生产的普洱茶在不同的地方有不同的变化，这正是普洱茶最为令人着迷之处。

较之依地域划分仓储，依功能来划分的仓储有实体的存储和虚拟的存储之分。实体仓储强调的是以存储为主要服务功能，以展示、交易流通功能为辅。虚拟仓储则更偏重交易流通、展示宣传和发掘潜在价值的功能，存储的是交易流通的普洱茶的数据，而非真正的实体仓库。这令普洱茶交易更贴近市场，促进了普洱茶的价值提升。

普洱茶行业的发展需要的是一个完善的体系和制度，仓储在今后将扮演越来越重要的角色。仓储的定义也将从传统的存放储备拓展至贴近市场、增强市场竞争力，成为普洱茶行业体系中的至关重要的一环。

（二）仓储的环境

普洱茶需要一定时期合理的陈化处理，以进一步提高品质。因此，创造一个适宜的贮藏环境非常关键。其中，温度和湿度的控制最重要。储放环境不同，茶叶品质就会有很大的差异。以下是影响普洱茶贮藏品质的重要因子：

1. 空气

洁净的空气是普洱茶品质的形成和保持的重要因子之一，尤其是新制的普

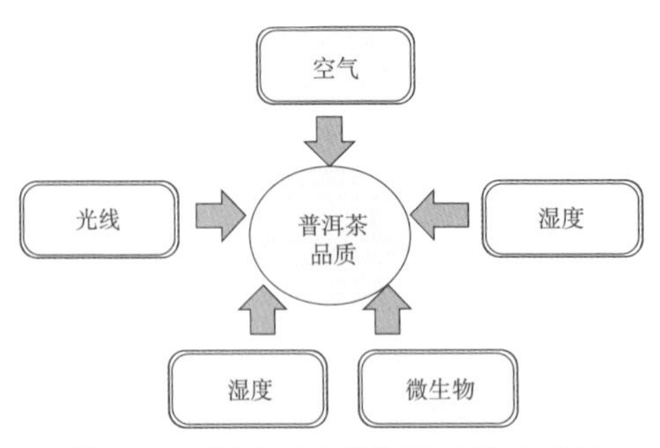

图 5.1　环境条件与普洱茶品质关系图

洱茶需要通风透气，通风口周围的卫生需要格外注意。茶叶属于易吸味、串味产品，所以储藏普洱茶的环境不能有异味，不同年份以及生、熟茶要分开存放，否则普洱茶会因吸附异味而影响品质。

2. 温度

普洱茶储放环境的温度应当保持在20~30℃之间，不能太高或太低。温度过高会使茶叶氧化加速，部分有效物质减少，从而影响普洱茶的品质；温度太低不利于化学成分的转化。

3. 光线

光照会使普洱茶的某些内含物质发生变化。日光照射后，普洱茶的色泽、滋味都会发生明显的变化，失去其原有的风味和鲜度，所以普洱茶应避光储藏。

4. 湿度

湿度是普洱茶品质形成的重要因子之一。平均湿度控制在 75% 以下才能形成普洱茶良好的品质，所以在储藏普洱茶时，应严格控制湿度，适时开窗通风，使多余的水分散发。

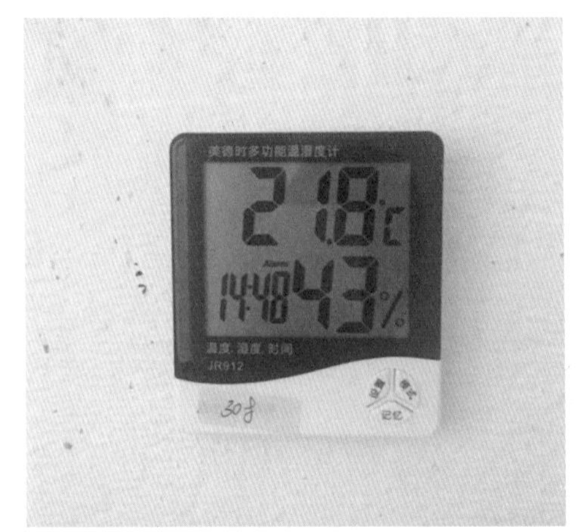

图 5.2　普洱茶仓储环境温湿度表

5. 微生物

普洱茶仓储过程中若湿度控制不当，会滋生微生物，对普洱茶品质产生不良影响。

（三）仓储的方式

普洱茶仓储陈化方式按环境的干燥度、茶叶含水量及作用时间可分为干仓陈化法、湿仓陈化法。若技术控制不当，湿仓法会严重影响普洱茶品质，所以一般不建议湿仓陈化。干仓后发酵的自然氧化过程之中，属于普洱茶内部自然变化，茶叶只要经一段时间陈放，内部成分就会发生缓慢变化，所以大部分普洱茶的干仓后发酵是自然的良性循环。

1. 干仓与湿仓的区别

将新加工的普洱茶放在相对湿度≤ 75% 的相对干燥的仓库里让其自然缓慢陈化，以形成普洱茶特有的陈香味，这种茶叶习惯称之为“干仓陈普洱”。“湿仓茶”则是将加工好的普洱茶放入相对湿度≥ 75% 的仓储环境中进行处理，以加速其转化过程。湿仓能促使普洱茶快速陈化，但是在湿度超过 80% 的环境中会导致普洱茶“霉变”，令普洱茶不可饮用。一般不建议湿仓存放。

2. 如何看待湿仓普洱茶

湿仓陈化是指在陈化时，通过人为增大普洱茶陈化环境的温湿度以提高陈化效率。湿仓陈化可以缩短陈化时间，其方式为将紧压茶成品放入潮湿环境，或将晒青毛茶通过“湿仓”处理后再行压制。湿仓处理过的茶有较明显的“湿仓味”。

图 5.3　普洱茶仓储陈化方式与普洱茶品质关系

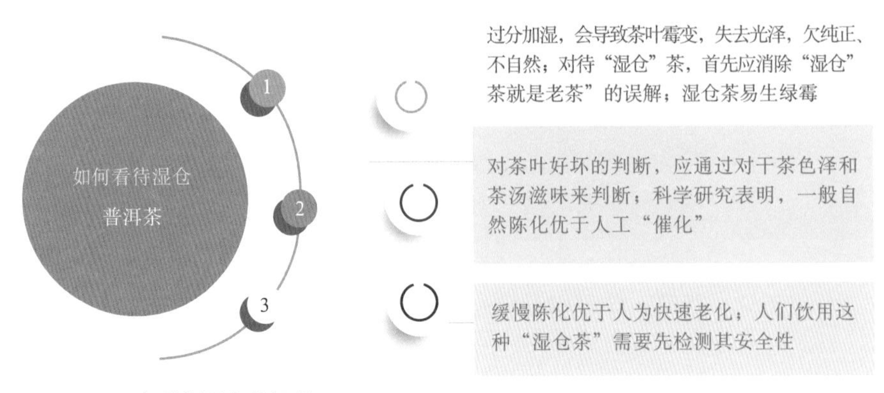

图 5.4　正确看待湿仓普洱茶

云南普洱茶一贯以浓醇、甘甜、陈香、耐泡而称奇，如果改变了这一切，何来“佳茗”？对待“湿仓”茶，首先应消除“湿仓茶就是老茶”的误解。对茶叶好坏的判断，应通过对干茶色泽和茶汤滋味来判断。研究表明，仓储过程中一般自然陈化优于人工“催化”；缓慢陈化优于人为快速转化；茶味要避免霉味、高火味、燥喉感，肉眼可见的发霉茶，嗅觉可闻到的刺鼻茶，品茶中喉、舌、口感觉到的叮、刺、挂、麻、锁的茶均可视为“变质茶”，应当重视普洱茶的醇厚度。

湿仓茶的形成是一些商人为使普洱茶能及早饮用、短时间内获得较高的销售利润而使用的一种仓储方法。目前市面上较多见的湿仓茶是普洱生茶，湿仓普洱熟茶很少。

湿仓对于普洱茶的作用如下：

（1）加速普洱茶的陈化。在一定温湿度作用下，湿仓为微生物的繁殖提供条件。微生物的大量繁殖，使高分子化合物逐渐分解、聚合、降解，有利于后期普洱茶品质的形成。量度得当，对于消除生青味，增强醇度，具有积极作用。

（2）长时间湿仓环境影响普洱茶品质。普洱茶长时间仓储在湿仓环境中，茶叶容易发霉，产生霉味，有挂喉、锁喉感，使人不悦，与健康、绿色无污染的要求背道而驰。

表 5-1　普洱茶干仓、湿仓的对比

辨别方法	干仓	湿仓	对比图
外形	条索紧实、颜色鲜润、油面光泽，充分体现了茶叶的活力感	湿仓普洱茶的外包纸有水迹，茶饼条索松脱、颜色暗淡、粗糙黑绿且茶叶表面或夹层留有绿霉	干仓　湿仓
香气	干仓的普洱茶有特殊的陈香味，香气醇正，没有异味	香气，有明显的仓味，有些不好的有霉味	
汤色	茶汤汤色明亮，陈放几年后逐渐转深，但清澈不浑浊	汤色较暗而深，不清亮	干仓　湿仓
滋味	茶汤饱满、顺滑、醇度高	茶汤滋味不细腻，有杂味	
叶底	干仓茶叶的叶底柔软有弹性，颜色油润	湿仓茶叶的叶底质地偏硬，没有弹性	干仓　湿仓

二、仓储中普洱茶的品质变化

对普洱茶而言，仓储是普洱茶加工中的关键环节，是普洱茶向着香、醇、甘、润、滑方向转变的重要步骤。仓储过程中普洱茶的品质发生了深刻的变化，贮藏环境不同会形成不同风格的产品。

（一）感官品质的变化

1. 贮藏时间的不同

有研究表明，熟普贮藏时的含水量掌握在9%左右最有利于普洱茶品质风格的形成，且随着贮藏年限的增长普洱茶品质发生较大变化：约5年干仓生茶，青涩浓强，有收敛性；约10年以上，醇厚回甘，口感饱满；约15年以上，醇滑柔顺，茶韵有层次感；约18年以上，醇厚回甘显陈韵，口感厚实有起伏，生津度强；约20年以上，汤色清澈明亮，滋味细腻滑爽，陈韵丰富。

2. 贮藏环境的不同

普洱茶感官品质在存放过程中呈动态变化，且不同的原料在相同的条件下

仓储过程中茶叶品质呈动态变化

- 汤色由黄绿色变为红浓明亮
- 香气由纯正的清香变为浓厚的醇香
- 滋味由苦涩变为醇和回甘
- 叶底由黄绿变为棕褐

倡导干仓贮存陈化普洱茶，不宜求快而采用湿仓

干仓贮存的普洱茶，日趋变醇变甜，普洱茶的品质向甘、滑、醇、厚转化
湿仓贮存的普洱茶出现劣变，有刺鼻不爽的湿仓气，有霉苦味，品饮后喉干痒、无生津感

闻其味：味道要清，不能有霉味

不论普洱茶品的生熟、新旧、好坏、形状、价钱，都要先闻茶，在陈化数十年之久后，一定会有陈年老味，但不应该有霉味产生

辨其色：茶色如枣，要纯，不能黑如漆

当普洱茶品在正常环境下存放，即便存放30年或50年，甚至100年，茶（茶汤）的颜色都不会变黑或产生怪异味道

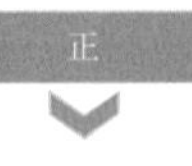

存其位：存放干仓

所谓正，乃不偏不倚谓之正。普洱茶一经制作成品后，最重要的就是陈放空间与时间长短

品其汤：回味温和，不可味杂陈

茶容易吸收异味，茶气也就代表着茶本身经长久累月陈放之环境空间与时间所表现的好坏真伪

图5.5　仓储过程中感官审评的变化

或同一原料在不同环境条件下变化均不一样。总的来说，随着汤色逐渐变深，干仓贮存的晒青茶、普洱茶香味日趋变醇变甜，但湿仓贮存的晒青茶、普洱茶的香味均出现劣变，有刺鼻不爽的湿仓气，有霉苦味，品饮后喉干痒、无生津感。我们倡导干仓贮存陈化普洱茶，不宜因求快而采用湿仓贮存。

（二）水浸出物的变化

茶叶中水浸出物是指能被水浸泡出的物质，是茶汤的主要呈味物质。水浸出物含量的高低反映了茶叶中可溶性物质的多少，标志着茶汤的厚薄、滋味的浓强程度，从而在一定程度上反映茶叶品质的优劣，相关系数为 0.879。水浸出物在贮存过程中呈现有增有减（表 5-2）。

表 5-2　仓储过程中水浸出物的变化

	湿仓	干仓
普洱生茶	减少趋势	波动性增加
普洱熟茶（散茶）	与贮存环境关联度不大，似与其形态（状）有关（波动性增加）	与贮存环境关联度不大，似与其形态（状）有关（波动性增加）
普洱熟茶（紧压茶）	波动性减少	波动性减少
总结	贮藏环境（温度、湿度）对普洱散茶及普洱生茶的水浸出物变化影响较大，这也是干仓贮存陈化生普洱茶魅力之所在	

（三）风味的物质变化

1. 呈味物质的变化

仓储过程中，在光、氧、温度和水分的共同作用下，普洱茶中的茶多酚氧化、缩合、蛋白质和氨基酸的分解、降解等一系列化学反应，使普洱茶主要呈味物质发生变化，从而影响普洱茶品质。普洱茶中主要呈味物质有茶多酚、儿茶素、纤维素、糖类等。仓储过程中这些物质的具体变化情况见下表。

表 5-3 普洱茶仓储过程中含水量、茶多酚、氨基酸、咖啡碱、甜味物质的变化量

含量变化	干仓	湿仓
含水量	前期变化不明显；含水率高的普洱茶，可溶性糖含量也相对较高。茶叶含水率的变化随着贮藏时间的延长，茶叶水分随之平稳增加	含水量变化与干仓基本相似，但干仓茶的水分增幅低于湿仓茶
茶多酚	茶多酚呈递减趋势，茶涩味降低	茶多酚呈剧减趋势，茶涩味降低
氨基酸	呈递减趋势	呈递减趋势，且变化较大。对普洱茶的氨基酸含量影响大
咖啡碱	含量变化不大	含量变化不大
甜味物质	纤维素类物质降解、碳水化合物在贮藏过程中发生聚合、缩合等一系列的变化，使糖类物质增加，增加普洱茶甜味物质	湿仓温湿度较高，仓储前期纤维素、碳水化合物分解变化较快，甜味物质较多，后期转化较慢

图 5.6 普洱茶生（上）、熟（下）茶汤色对比

2. 呈色物质的变化

普洱茶主要色素物质是茶黄素、茶红素、茶褐素。（1）在普洱茶贮存过程中，茶黄素含量变化的波动性较大，其总趋势是：干仓茶的茶黄素含量增加，湿仓茶的茶黄素含量减少。（2）贮存过程中的普洱茶茶红素含量的变化：普洱生茶在干仓贮存过程中茶红素含量呈增加趋势；而在湿仓中，不论是晒青茶、普洱生茶、熟茶，其茶红素含量均大幅下降。（3）普洱茶的茶褐素除普洱熟茶在干仓贮存中基本保持不变外，其余均增加，尤以贮存于湿仓中的普洱生茶为甚，这些色素的综合变化，促使汤色逐渐变深。

3. 呈香物质的变化

普洱茶生茶和熟茶在储藏过程中共

检测出70多种香气成分，其中21个组分在不同温度条件下储藏的普洱茶生茶和熟茶中均有检出。在储藏过程中，普洱茶的香气成分变化很大，不同阶段香气成分不同。相关研究表明，在普洱茶储藏过程中，辛二烯醇、庚二烯醛、戊烯醇、甲氧基苯类化合物等成分的增加是产生独特陈香的原因，推测这些成分的增加与日光干燥和长期储放所产生的光氧化作用有关。

三、如何科学仓储

购买的普洱茶不管是个人消费，还是作为商品贮存，都有一个“保存”的问题。普洱茶的保存条件，一般来说，只要不受阳光直射或雨淋，环境清洁卫生，通风无其他杂味、异味即可。如存放数量多，可设专门仓库保管；如数量少，个人在家中存放，可用陶瓷瓦缸存放。但普洱茶存储并不是时间越长越好，它有一个最佳时期。在这个时期以前，它的品质呈上升趋势，达到高峰以后品质会逐渐下降。

仓储过程中的“陈化”是普洱茶发展香气，巩固、完善和提高品质的重要工序。储藏室应通风、透气、干燥，温度应保持在25℃左右，相对湿度控制在75%左右；室内无污染、无异味、清洁卫生；储藏的茶叶应避光，避免雨淋。新茶、老茶、生茶和熟茶归类存放，按期翻动，使其陈化均匀；禁止茶叶与有毒、有害、有异味、易污染的物品混储、混放。

1. 温湿度

普洱茶就像一棵生长的树一样，一年四季需要的温湿环境都不一样。控制仓库温湿度最好不要用空调，用空调房来储藏茶叶，一是滋味比较淡，二是味道变化不灵活，比较单一。仓储过程温度和湿度直接影响着普洱茶的内含成分的变化。

2. 氧气

氧气在空气中的含量约为20%。在空气中游离态存在的氧气，大部分是分子态氧气，其自身的反应性是不强的，可氧气一旦与其他物质相结合，氧化作用即可发生。仓储过程中茶叶内含物的转化都是需要氧的。因此，在贮藏过程中保持新鲜空气流通是十分必要的。

3. 光线

光线能够促进植物色素或酯类等物质氧化，特别是叶绿素易受光的照射而褪色，其中紫外线比可见光的影响更大。长时间的光照主要引起茶叶化学物质的光氧化反应，如叶绿素可变成脱镁叶绿素。

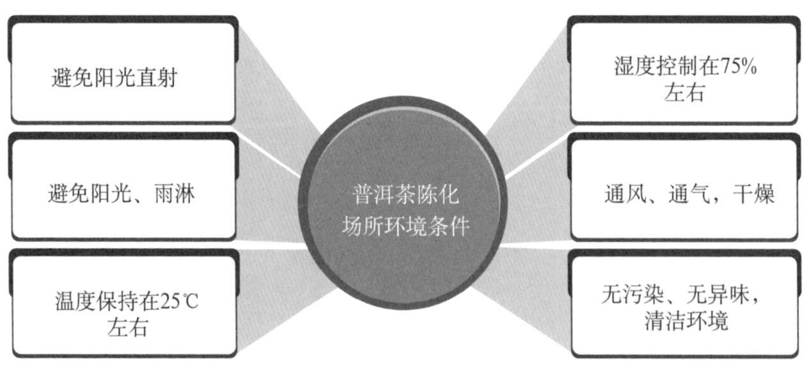

图 5.7　普洱茶仓储条件的控制要求

4. 时间

一定时间的自然存放是普洱茶品质形成所必需的，但并非存放的时间越长越好。普洱生茶自然陈化过程相对缓慢，受陈化环境条件影响，可能需要 10～15 年的陈化时间，在一定的时间内，具有越陈越香的特点。普洱熟茶自然陈化较快，视陈化环境而定，需要 3～5 年，其陈化后具有独特陈香，滋味醇厚回甘。

四、如何选购普洱茶

要选购、贮藏普洱茶，正确识别普洱茶的品质是极其重要的。关于普洱茶商品价值的认识，无论是谈茶叶内在本身，还是讲包装茶叶的纸张、厂家、牌号、销售价格，还是从专业学科角度出发识别茶叶，树立科学正确的理念极为重要。好的普洱茶，原则上要从普洱茶的原料、加工工艺和贮放环境条件三个方面综合评判。往往采用好的原料、精湛的加工工艺和科学的贮放方法获得的普洱茶，最能反映出普洱茶的陈韵。同时体现普洱茶甘滑、醇厚的主要品质特征。

对于初学普洱茶者或是茶人具备一定的茶学知识是必要的。消费者应该从茶叶本身及品饮后的感觉来判断商品茶的价值；研究者则应该在品饮后结合产品的来源、生产厂家、包装真实性综合地作出评判。

要选购到自己满意的普洱茶，还需了解普洱茶不同历史阶段的产品特性、产品的形成、代表性产品。如 20 世纪 40 年代生产的普洱茶代表是中茶牌圆茶，印有红印、绿印，市场上流通的已很稀少。20 世纪 60 年代后中茶牌圆茶改制成七子饼茶，印有红印、绿印，增加了蓝印，这类产品也不多。进入 20 世纪 70 年代为适应市场发展的要求，发酵普洱茶诞生，这就是被今天称之为发酵

- 优质的原料：选用GB/T 22111-2008《地理标志产品 普洱茶》所规定的普洱茶原料产地的云南大叶种鲜叶加工的优质晒青原料，有效内含物质丰富
- 精湛的工艺：严格按照相关国家标准加工而成；微生物固态发酵+光化学作用（核心），有效物质小分子化
- 科学的仓储：仓储环境合理科学，水热作用、氧化，味更醇、性更佳、效更佳
- 符合普洱茶品质特点的生茶或者熟茶

图 5.8 适合购买与收藏的普洱茶

普洱的普洱茶。但是有一点是值得消费者注意的，当时普洱茶在选料上较粗老。用较为细嫩原料生产的宫廷普洱茶是 20 世纪 90 年代后的事。选购和贮藏普洱茶，有了这些基本常识外，还须掌握以下散茶分级、外形、内质特征等知识。

一般普洱熟茶外形应具有条索肥壮紧实，色泽褐红，内质汤色红浓，陈香浓郁，滋味浓醇，爽滑回甘，叶底红柔软，经久耐泡等特点。普洱熟茶紧压茶除内质特征与散茶相同外，外形应具有形状匀整端正、棱角整齐、模纹清晰、不起层掉面、撒面均匀、松紧适度的特点。

普洱生茶是纯自然后发酵的普洱茶，普洱生茶内含物质的转化需要较长时间及储藏条件的控制。选购普洱生茶，首先，要选购用料精良、品质稳定的厂家茶品。其次，要认真品鉴茶的品质。

消费者在选购普洱茶时，可用以上几点衡量。如果条件允许，最好自己亲自开汤审评，用高温、长时、多量的冲泡方法连续冲泡 3 次，若茶汤的汤色、香气、滋味符合要求，则选购的普洱茶品质能够得到保障。

同时，用于收藏的普洱茶建议选购紧压茶，因为紧压茶耐贮藏，贮藏中内含物质的变化有利于后期品质的改善和提高。

延伸阅读

普洱茶茶号

普洱茶作为商品，过去主要是边销和外销。因此，大多数普洱茶其花色、级别不同，均有各自的茶号。而且，在目前关于普洱茶的书籍中，经常提到一些茶号，为了使广大消费者对“茶号”的内涵有所了解，特作如下介绍。

茶号是出口贸易工作中用于对某种茶品质特点的标识。主要用于进出口业务。有两点要注意。第一，茶号不能用来判断茶叶贮藏时间的长短；第二，茶号不能作为识别经营、生产企业的标识。从1973年昆明茶厂开始试制普洱茶（人工渥堆发酵）于1975年正式批量生产，出口至今已有40多年的历史了，在几十年贸易活动中，云南茶叶进出口公司建立了许多茶号，每一个茶号都包含了特殊的意义：代表一种普洱茶的特定品质，是小包装（散茶）、大包装（整件包装散茶）或紧压茶，为某个生产厂家生产。以普洱散茶的茶号为例，前面两位数为该厂生产该品号普洱茶的年份，最后一位数为该厂的厂名代号（1为昆明茶厂、2为勐海茶厂、3为下关茶厂、4为普洱茶厂），中间二位数为普洱茶级别。如“75671”表示昆明茶厂生产的六、七级普洱茶，该厂1975年开始生产该种普洱茶。

云南茶叶进出口公司部分普洱茶出口茶号：

小包装：Y562、Y671、NY672、Y672、75671、P901、P902、P201、P903、P904、N608、N808、F092、P123。

下关茶厂的茶号：7663、7653、7633（袋泡）、7643（袋泡）、76563、76073、76083、76093、76103、76113、76153（碎茶）。

勐海茶厂的茶号：7572、7452、8582、8592、8653、8663、7542、79562、79072、79082、79092、79102、79122（碎茶）。

昆明茶厂的茶号：7581、421、75671、75071、78081、78091、78101。

云南贡茶：F091。

云南竹筒茶：NP901。

普洱茶厂的茶号：77074、77084、77094、77104。

云南省茶叶进出口公司在1988年发文并注明品质和级别的茶号：7452（高档七子饼）、7572（中档七子饼）、8582（普洱青饼）、8592（普洱熟饼）、7542（普洱大饼）（青饼）。

云南省茶叶进出口公司在1991年发文并注明品质和级别的茶号：7542（青饼）、76113（普洱散茶级外）、1/2普洱沱茶（250G）、1/5普洱沱茶（100G）、79122（勐海普洱碎茶）、76153（下关普洱碎茶）。

第六篇

洱茶评审——香茗沉浮味蕾绽

香茗沉浮，品几多普洱滋味，审评品鉴，辨个中真味。

云茶种类繁多、品质优良，并有世界独一无二的普洱茶，更使得云南茶叶在国内甚至国际上都占有重要的地位。掌握评判普洱茶品质的方法，对促进普洱茶规范、持续发展十分必要。

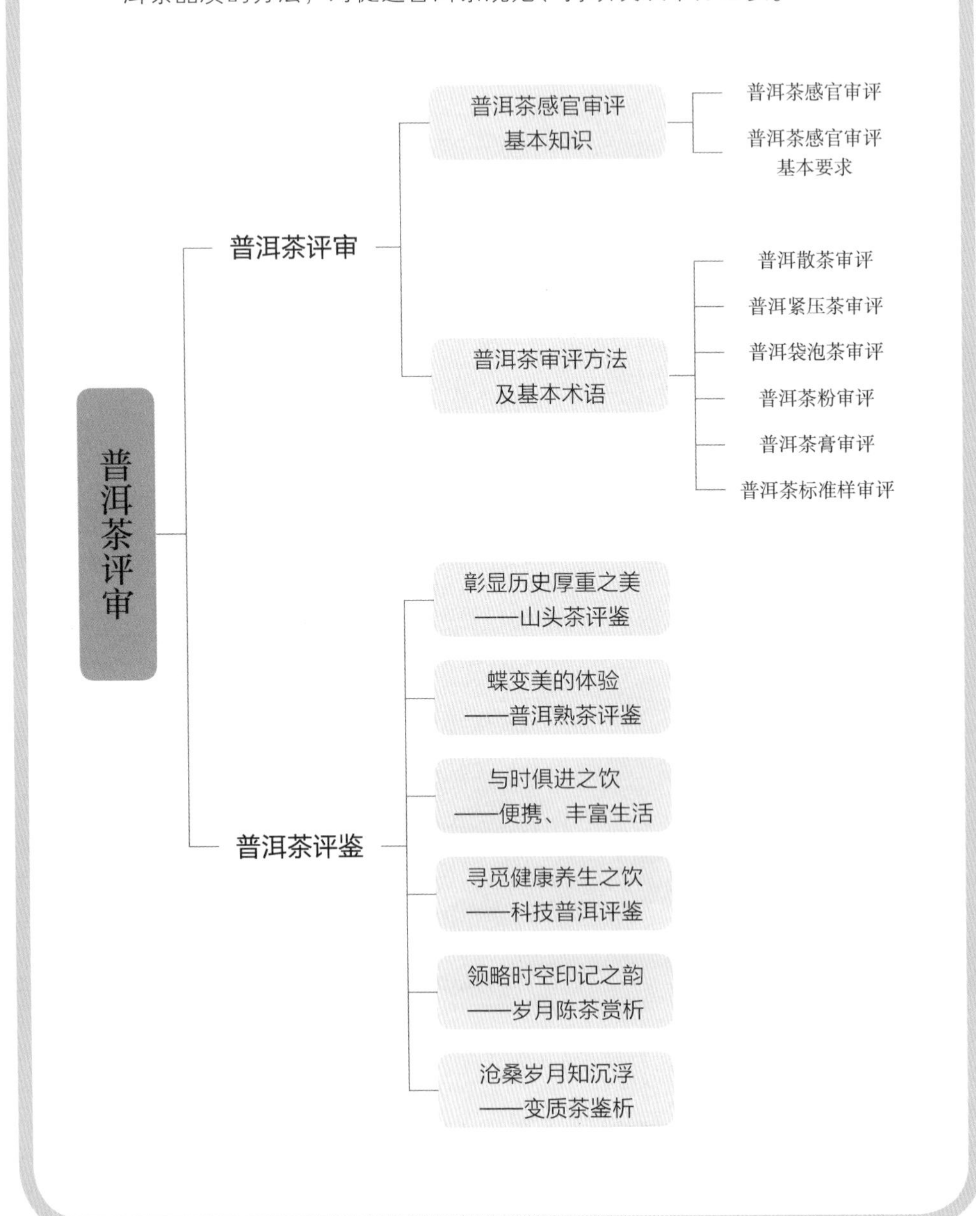

一、普洱茶评审——标准技艺话佳茗

（一）普洱茶感官审评基础知识

1. 普洱茶感官审评

普洱茶感官审评是指具备相应专业评茶技能的审评人员运用自身感官——视觉、嗅觉、味觉、触觉的辨别能力对普洱茶产品的色、香、味、形等品质因子进行审评，从而达到鉴定普洱茶品质的目的。

2. 普洱茶审评基本要求

审评过程不仅对于审评人员要求严格，对于审评环境、审评用具和审评用水要求也是严格明确的，只有符合标准规范，减弱人为感性影响，才能做到对每一款茶进行客观评价。

（1）审评环境

审评室是专门用于审评茶叶品质的操作室，房间应坐南朝北，建立在地势干燥、环境幽静、空气流动畅通的地方。窗户向北开，室内采光以自然光为主，保证光线均匀，避免阳光直射。室内温度宜保持在25℃左右，墙壁白色，在评茶台的上方亦可设置均匀、柔和的人造光源，以弥补自然光之不足。

图6.1　审评程序

图6.2　审评基本要求

表 6-1 审评环境

项目		条件	参数	图片
室外环境		地势干燥、环境清静、空气洁净畅通、光线充足	根据具体实况确定	
室内环境	审评室 样品室	房屋南北朝向，环境安静、空气流通，地面干燥、墙壁白色；自然采光为主，光线明快柔和	室温 25~26℃；审评台可用40瓦日光灯补光	

（注：如有条件可在审评室附近建立盥洗室、更衣室及休息室）

（2）审评用具

审评用具属专用器皿，必须选用环保无异味型材料、质地良好规格一致，尽量减少客观上的误差。

表 6-2 审评用具

审评器具		主要用途	规格	图片
审评台	干评台	检验干茶外形	高85～90cm；宽60cm；长度根据实际需求而定	
	湿评台	审评茶叶内质	高85～90cm；宽70cm；长度根据实际需求而定	
审评杯碗		审评香气、汤色和滋味	毛茶审评杯200ml；精制茶审评杯150ml	

续表

审评器具	主要用途	规格	图片
审评盘	盛放茶样，审查茶叶形状及色泽	白色、一角有梯形缺口；长×宽×高=20×20×20cm	
叶底盘	审评茶样叶底	黑色；长×宽×高=10×10×2cm 或长方形白色搪瓷盘	
称量用具	电子秤或天平，用于称取茶样	精确度 0.01g	
记时器	电子计时器或沙漏，计时	5min	
茶匙	取茶汤品鉴滋味	白色瓷匙	
网匙	捞取审评碗中茶汤内的碎片末茶	细密度 60 目左右	
汤碗	放置茶匙、网匙	规格不一	
电水壶	制备沸水	一般容量 2.5～5L，规格可视需求而定	

续表

审评器具	主要用途	规格	图片
吐茶桶	盛装茶渣、评茶时吐茶汤及倾倒汤液	塑料材质、喇叭状；上直径 32.0cm、中腰直径 16.0cm	
审评表	记录审评结果		
茶样柜	放置或保存茶样	规格不一	
碗橱	放置审评杯碗、茶匙及网匙等用具	规格不一，视需求而定	
消毒柜	对审评用具进行消毒	规格不一，视需求而定	

（3）审评用水

评茶用水的选择，对于茶叶汤色、香气和滋味影响极大，尤其体现在水的酸碱性及硬度方面。弱酸性水泡茶，汤色透明度好；水质呈中性或弱碱性会促使汤色趋暗、滋味变弱。因此，评茶时使用矿泉水、深井水及溪水较好，也可选择瓶装纯净水。冲泡时应使用即刻煮沸的水，为保证香气及滋味审评结果，尽量避免使用久煮或回煮的水。

（4）审评人员

感官审评是依靠评茶人员的嗅觉、味觉、视觉、触觉来实现的，要求评茶人员有敏锐的辨别能力和熟练的评茶技术。首先，具有健康的身体是前提条件，尤其是五官的正常功能。其次，评茶人员应具有全面的专业知识，作为一名评茶人员应把理论学习和审评实际操作有机结合起来，不断提高自身素质，才能准确评定茶叶品质的好坏。最后，评茶人员应忌不良嗜好。为保持视觉、嗅觉和味觉器官的灵敏度，避免受到某些食物和药物的干扰，作为评茶人员应忌烟酒，少吃葱蒜辣椒类的食品，少吃甜食油炸食品等。

审评人员在审评时应不施粉，不涂抹有味道的护肤品，不使用香水，洗净双手、换干净衣服（或着审评服）；具有良好的职业道德，实事求是。

（二）普洱茶审评方法及基本术语

普洱茶审评根据审评方式可分为对样审评和盲评两类；根据审评对象的形态可分为普洱散茶（熟）审评、普洱紧压茶（生、熟）审评、普洱袋泡茶审评、普洱茶粉审评及普洱茶膏审评。散茶外形审评主要是条索、色泽、整碎及净度，紧压茶加评外形匀整度、松紧度及撒面情况。审评基本术语根据审评对象不同而有所差异，审评常用修饰词有：较、稍、略、欠、尚、带、有、显、微。

表 6–3　普洱茶品质因子评分系数

茶类	外形（%）	汤色（%）	香气（%）	滋味（%）	叶底（%）
晒青茶	20	10	30	30	10
普洱散茶	20	10	30	30	10
普洱紧压茶	25	10	25	30	10
袋泡茶	10	20	30	30	10
茶粉	10	20	35	35	0
茶膏	10	20	35	35	0

· 晒青茶（大叶种）、普洱散茶（熟）审评

1. 审评方法

外形审评：取代表性茶样 200g，置于评茶盘中，双手握住茶盘对角，用回旋筛转方式，使茶叶分层并顺势收于评茶盘中央，用目测、手感等方法，反复观察比较茶叶粗细、长短、大小、整碎、色泽等因子。

内质审评：从评茶盘中称取具有代表性茶样 3.0～5.0g，茶水比为 1∶50，置于相应的评茶杯中，注满沸水、加盖、计时 5min，到规定时间后按冲泡顺序依次等速将茶汤滤入评茶碗中，留叶底于杯中，按香气、汤色、滋味、叶底的顺序依次审评。

2. 审评基本术语

（1）晒青茶（大叶种）审评

表 6-4 晒青茶（大叶种）审评基本术语

项目	基本术语
外形	肥硕、细嫩、紧直、粗松、墨绿、黄绿、深绿、油润、匀整、净度好、显毫
香气	嫩香、栗香、花香、蜜香、青气、高爽、闷味
汤色	嫩绿明亮、浅绿明亮、黄绿明亮、深黄、黄亮、欠亮、浑浊、尚黄绿
滋味	鲜醇、醇厚、鲜爽、清爽、浓厚、浓涩、青涩、甘鲜
叶底	嫩绿明亮、匀齐、尚匀齐、黄绿、尚嫩、欠匀齐

（2）普洱散茶（熟）审评

表 6-5 普洱散茶（熟）审评基本术语

项目	基本术语
外形	紧细、紧结、壮结、匀整、净度好、红褐、油润、显毫、整碎、匀齐、匀整
香气	陈香、浓郁、浓厚、纯正、平和、尚纯
汤色	红艳、红浓、明亮、深红、褐红、尚浓
滋味	醇厚、尚醇、甘爽、顺滑、绵稠、浓醇、醇和
叶底	红褐、柔嫩、尚嫩、粗松、粗实、匀齐、柔软、明亮、尚亮

· 普洱紧压茶审评

普洱紧压茶根据形态可分为砖、饼、沱三类。根据品质特征分为普洱生茶和普洱熟茶。

1. 审评方法

外形审评：压制成型的普洱茶外形审评主要是产品压制的造型规格、松紧度、匀整度、净度、表面光洁度、色泽。分里、面茶的压制茶，审评是否起层脱面，包心是否外露等。

内质审评：从评茶盘中称取具有代表性的茶样 3.0～5.0g，茶水比为 1∶50，置于相应的评茶杯中，注满沸水、加盖浸泡 2min，按冲泡顺序依次等速将茶汤滤入评茶碗中，留叶底于杯中，审评香气、汤色、滋味。然后第二次注入沸水，加盖浸泡至5min，按冲泡顺序依次等速将茶汤滤入评茶碗中，留叶底于杯中，按汤色、香气、滋味、叶底的顺序依次审评。汤色结果以第一次为主要依据，香气、滋味以第二次为主。

2. 审评基本术语

表 6-6　普洱紧压茶审评基本术语

项目	基本术语	说明
外形	形状完全符合规格要求、松紧度适中、肥硕、壮结、显毫、匀、净、整，不分里、面茶，油润、有光泽、墨绿、显毫、粗实、周正、褐绿、红褐	评语依生、熟而异
汤色	红浓、橙红、橙黄、黄绿、浑浊、明亮	
香气	纯正、烟气、杂异气味、馥郁、浓郁、蜜糖香、陈味、药香、酸枣香、高爽、持久、高扬	
滋味	醇厚、生津、回甘、浓厚、较苦、略涩、浓醇、顺滑、甘爽	
叶底	匀嫩、匀净、红梗、朴片、黄绿、红褐、匀齐、油润、有芽	

· 普洱袋泡茶审评

1. 审评方法

将袋泡型普洱茶置于评茶盘中，评价袋泡外形的滤纸质量及包装规格。取一代表性茶袋置于150ml审评杯中，注满沸水、加盖浸泡3min后上下抖拉袋茶，至5min时按冲泡顺序依次等速将茶汤滤入评茶碗中，审评香气、汤色、滋味、叶底。叶底主要是审评袋泡茶的完整性，必要时可拆开查看茶渣色泽、嫩度、匀整度。

2. 审评基本术语

表 6-7　普洱袋泡茶审评基本术语

项目	基本术语	说明
外形	滤纸质量优、较优、差，包装规范、不规范	香气、汤色、滋味术语参考晒青茶、普洱散茶审评术语
叶底	滤纸薄而均匀、较均匀，过滤性好、较好，无破损、有破损、掉线	

· 普洱茶粉审评

1. 审评方法

将普洱茶粉置于评茶盘中，评价茶粉质量及包装规格。取代表性茶粉 0.4g 置于 200ml 审评碗中，加沸水 200ml 依次审评香气、汤色、滋味。

2. 审评基本术语

表 6–8　普洱茶粉审评基本术语

项目	基本术语	说明
外形	嫩度好、匀净、色鲜活、尚鲜活、嫩度较好、鲜绿、褐红	香气、汤色、滋味术语参考晒青茶、普洱散茶审评术语

· 普洱茶膏审评

1. 审评方法

将普洱茶膏置于评茶盘中，评价茶膏造型、规格、色泽、匀整度。取代表性茶膏 0.3g 置于 150ml 审评杯中，注满沸水、加盖浸泡 20s 后搅拌茶汤，至 30s 时按冲泡顺序依次等速将茶汤滤入评茶碗中，审评香气、汤色、滋味及茶膏溶解速度。

2. 审评基本术语

表 6–9　普洱茶膏审评基本术语

项目	基本术语	说明
外形	造型完整、不完整，符合标准、不符合标准，光滑、油润、褐黑	香气、汤色、滋味术语参考晒青茶、普洱散茶审评术语

· 普洱茶标准样

根据对样审评基本方法及要求，云南省科技厅、云南农业大学及南涧凤凰沱茶有限公司等企事业单位共同承担普洱茶标准实物样制备项目，其中普洱茶标准样级别及品质审核项目是由云南农业大学周红杰名师工作室完成，在筛分定样过程中根据普洱茶品质级别基本要求严格遵照标准样制定规范，为广大茶行业者提供相对严谨的品质审评对样。

图 6.3　标准样

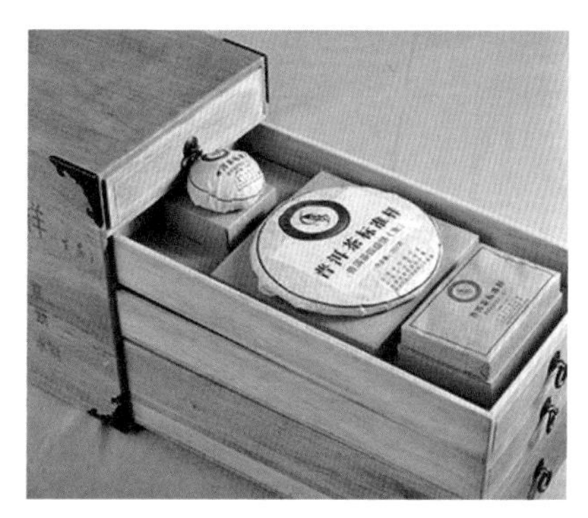
图 6.4　标准样

1. 晒青茶标准样感官审评

表 6-10　晒青茶标准样感官审评

级别	外形				内质			
	条索	色泽	整碎	净度	香气	滋味	汤色	叶底
特级	紧结显白毫	绿润	匀嫩	稍有嫩茎	清香馥郁	浓醇回甘	黄亮	黄绿匀嫩
二级	肥壮紧结显毫	绿润	匀整	有嫩茎	清香浓郁	浓厚回甘	黄亮	黄绿匀整
四级	紧结	褐绿油润	尚匀整	稍有梗片	清香尚浓	浓厚	黄亮	黄绿匀齐
六级	紧实	深绿	尚匀整	有梗片	清香尚浓	醇厚回甘	黄亮	黄绿肥硕
八级	粗实	褐绿	尚匀整	梗片稍多	清香纯正	醇和	黄绿明亮	黄绿尚匀齐
十级	粗松	黄褐	欠匀整	梗片较多	平和	醇正	黄绿明亮	黄绿粗壮

表 6-11　普洱茶生茶标准样感官审评

型制	外形	内质			
		香气	滋味	汤色	叶底
砖	砖形周正，松紧适度，条索紧致，白毫显露，色泽褐黄油润	清香馥郁	浓醇回甘	黄亮	黄绿匀嫩
饼	饼形周正，松紧适度，条索紧致，显毫，色泽褐黄油润	清香馥郁	醇厚回甘	黄亮	黄绿匀嫩
沱	沱形周正，松紧适度，条索紧致、匀称，显毫，色泽褐黄油润	清香高扬	浓醇回甘	黄亮	黄绿匀嫩

2. 普洱熟茶标准样感官审评

表 6-12　普洱熟茶标准样感官审评

级别	外形				内质			
	条索	色泽	整碎	净度	香气	滋味	汤色	叶底
宫廷	紧细	红褐油润显毫	匀整	匀嫩	陈香馥郁	浓厚回甘	红浓明亮	棕褐柔嫩
一级	紧结	红褐润较显毫	匀整	匀净	陈香浓厚	浓醇回甘	红浓明亮	褐红较嫩
三级	尚紧结	褐润尚显毫	匀整	匀净带嫩梗	陈香浓醇	醇厚回甘	红浓明亮	红褐欠嫩
五级	紧实	褐尚润	匀齐	尚匀净带梗	陈香尚浓	浓厚回甘	红亮	红褐匀整
七级	尚紧实	褐欠润	尚匀齐	尚匀带梗	陈香纯正	醇和回甘	红亮	红褐粗实
九级	粗松	褐稍花	欠匀齐	欠匀带梗片	陈香平和	纯正回甘	红亮尚浓	红褐粗松

表 6-13　普洱茶熟茶（紧压茶）标准样感官审评

型制	外形	内质			
		香气	滋味	汤色	叶底
砖	砖形周正，松紧适度，条索紧结，显金毫，色泽棕褐油润	陈香尚扬	浓厚回甘	红褐	红褐油润匀嫩
饼	饼形周正，松紧适度，条索紧致，显金毫，色泽红褐油润	陈香浓郁	浓厚回甘	红浓明亮	红褐油润匀嫩
沱	沱形周正，松紧适度，条索紧致，显金毫，色泽棕褐油润	陈香馥郁	醇和滑爽	红浓明亮	红褐油润匀嫩

二、普洱茶评鉴——全面品鉴辨真味

普洱茶评鉴是以普洱茶审评要求为标准，以体验普洱茶丰富的色、香、味为主旨的冲泡方法。综合生活品鉴与专业评价双向标准要求，周红杰名师工作室根据多年经验及对于普洱茶色、香、味、形在专业评鉴过程中的展现规律，提出两种更直观有效的优质普洱茶评鉴方式，使广大茶饮爱好者在轻松愉悦的状态下以标准客观的评鉴方式深切感悟普洱茶的曼妙之美，体会普洱茶在不同阶段中色、香、味的奇妙变化。

推荐评鉴方式为：按照基础审评操作要求，分为设定时间间隔为 3min → 2min → 5min 与 2min → 1min → 2min。在不同的冲泡时间段综合考评普洱茶品质，感悟普洱茶归真境界。对于消费者而言，鉴别优质茶与劣质茶，大家可以采取“一体两翼”综合评判方法，以 5min 评鉴为主体，以 3min → 2min → 5min 和 2min → 1min → 2min 两种方式的切身感受为补充，由内而外精准评鉴茶品优劣。

评鉴方式一：3min → 2min → 5min，品鉴的侧重点为茶叶滋味及其内含物质丰富度；评鉴方式二：2min → 1min → 2min，侧重点为喝茶人感官愉悦持久性的评估，主要为香气、滋味方面。评鉴记录见本篇末附表 1 和附表 2。

（一）彰显历史厚重之美——山头茶评鉴

普洱茶，根植云南，八方传播，其优越的品种特性及独特的生长环境为它的多方位风貌提供了有力的基石。一江分化古今茶山，四大区域各显精华，普洱茶涵孕其中，山水茶味各有所得。

1. 普洱、大理——无量山、哀牢山

景迈：景迈茶山位于澜沧拉祜族自治县县城东南的惠民乡。景迈山茶树属乔木大叶种，云南茶山中乔木树最大的一片集中在这里，号称万亩乔木古茶园。茶味苦涩重、回甘生津强，汤色黄亮。

表 6-14 景迈

茶样信息		品质特征
	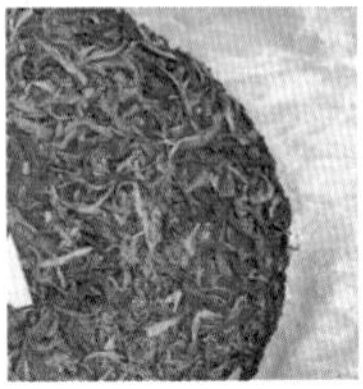	外形周正墨绿显毫 汤色黄绿明亮 香气清香馥郁 滋味鲜醇回甘 叶底黄绿油润

千家寨：位于云南省普洱地区金竹山千家寨，其茶滋味较淡薄，舌面微苦。

表 6-15 千家寨

茶样信息		品质特征
 千家寨老茶		外形周正褐绿显毫 汤色黄亮 香气清香馥郁 滋味醇厚生津 叶底黄绿油润

2. 临沧——老别山、邦马山

冰岛：勐库茶山以冰岛为界分东、西半山，所产之茶风格各异，冰岛古茶兼具东半山茶香高、味扬、口感丰富饱满、甘甜质厚及西半山茶气之强。

表 6-16　冰岛

茶样信息		品质特征
		外形周正色泽褐绿 汤色杏黄明亮 香气馥郁高扬 滋味醇厚回甘 叶底褐绿油润

昔归：昔归位于云南省临沧市临翔区邦东乡境内的忙麓山，属邦东大叶种。冲泡后，其汤色明亮清澈、香高气扬、滋味微涩、回甘生津。

表 6-17　昔归

茶样信息		品质特征
		外形周正色泽褐绿 汤色杏黄明亮 香气馥郁高扬 滋味浓厚回甘 叶底褐绿油润

大雪山：处双江县大雪山中部，海拔高度为2200～2750m。所制茶叶质肥厚宽大，香型特殊、野香中带兰香，微苦回甘生津，口感收敛性强。

表6-18 大雪山

茶样信息		品质特征
 	 	外形周正色泽墨绿 汤色黄亮 香气馥郁带兰香 滋味浓厚生津 叶底墨绿油润

3. 西双版纳——老班章、易武、南糯、勐宋

老班章：老班章海拔1600m以上，最高海拔达到1900m，平均海拔1700m，一年只有旱湿雨季之分，雨量充沛，土地肥沃，有利于茶树的生长和养分积累。因此，老班章在普洱茶界被认为具有“茶王”的地位。

表6-19 老班章

茶样信息		品质特征
 	 	色泽墨绿显毫 汤色橙黄明亮 香气馥郁带蜜香 滋味鲜醇回甘 叶底褐绿匀嫩

易武：易武茶始于公元 225 年左右，易武茶山的古茶园划分较细，现今知名度较高的寨子有大漆树、刮风寨、易比、曼秀、张家湾、曼撒、曼腊等。易武茶整体风格较柔美，条索较松，在蜜香中带幽兰香，苦涩不显。

表 6–20　易武

茶样信息		品质特征
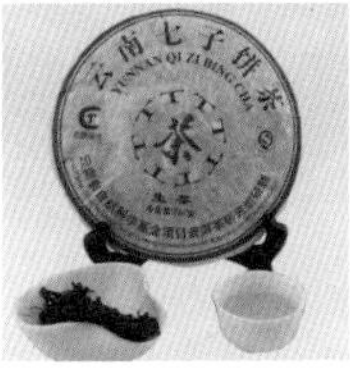		外形褐绿油润 汤色黄亮 香气浓郁带花果香 滋味醇厚回甘 叶底黄绿匀齐

南糯：南糯茶山坐落于勐海县东北侧。南糯山茶属乔木大叶种，微苦涩、回甘、生津好，汤色橙黄明亮，蜜香显著。

表 6–21　南糯

茶样信息		品质特征
		色泽褐绿 汤色黄亮 香气浓郁 滋味醇厚生津 叶底黄绿匀齐

勐宋：勐宋茶山位于勐海县东部，东与景洪市接壤，南接勐海格朗和乡，西南接勐海镇，北与勐阿镇交界。勐宋是傣语地名，意为高山间的平坝。勐宋茶山茶口感苦涩，微回甘、生津一般，汤色深黄，条索墨绿。

表 6–22　勐宋

茶样信息		品质特征
		外形周正色泽墨绿 汤色橙黄明亮 香气浓郁 滋味醇厚 叶底褐绿匀嫩

4. 保山、德宏——高黎贡山、怒山

高黎贡山、怒山位于保山、德宏区域，名优古树茶资源较为欠缺。所栽种茶树较为适制红茶、绿茶、乌龙茶及花茶等。

（二）蝶变美的体验——普洱熟茶评鉴

普洱茶熟茶的加工是以大叶种晒青毛茶为原料，经潮水、后发酵、翻堆、干燥、分筛、拣剔、拼配、仓储陈化等工艺制成。其风味与生茶相比各有风骚，代表茶样赏析如下。

紫醇

表 6-23　紫醇

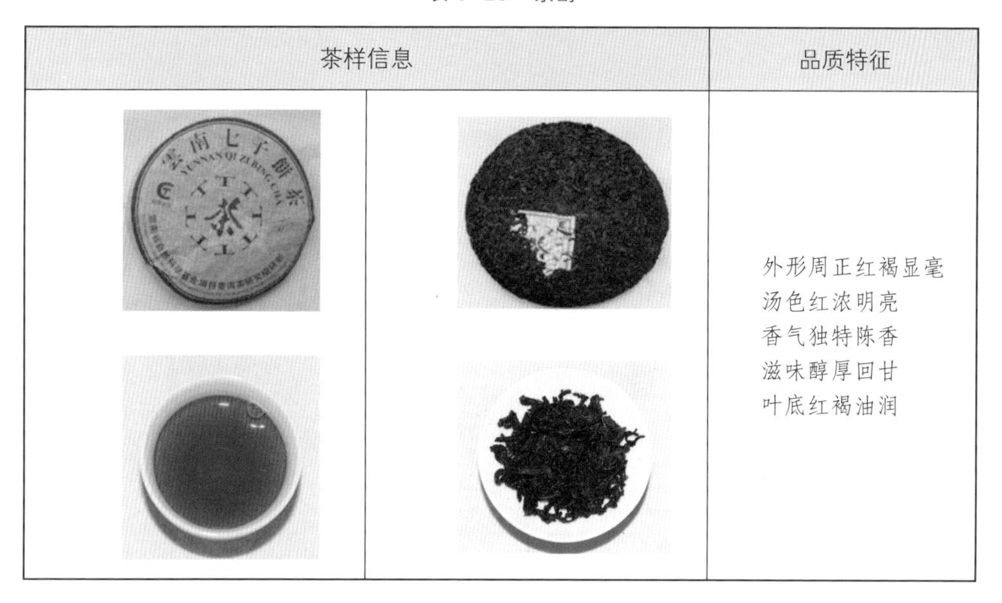

茶样信息		品质特征
		外形周正红褐显毫 汤色红浓明亮 香气独特陈香 滋味醇厚回甘 叶底红褐油润

龙记 TP201401

表 6-24　龙记 TP201401

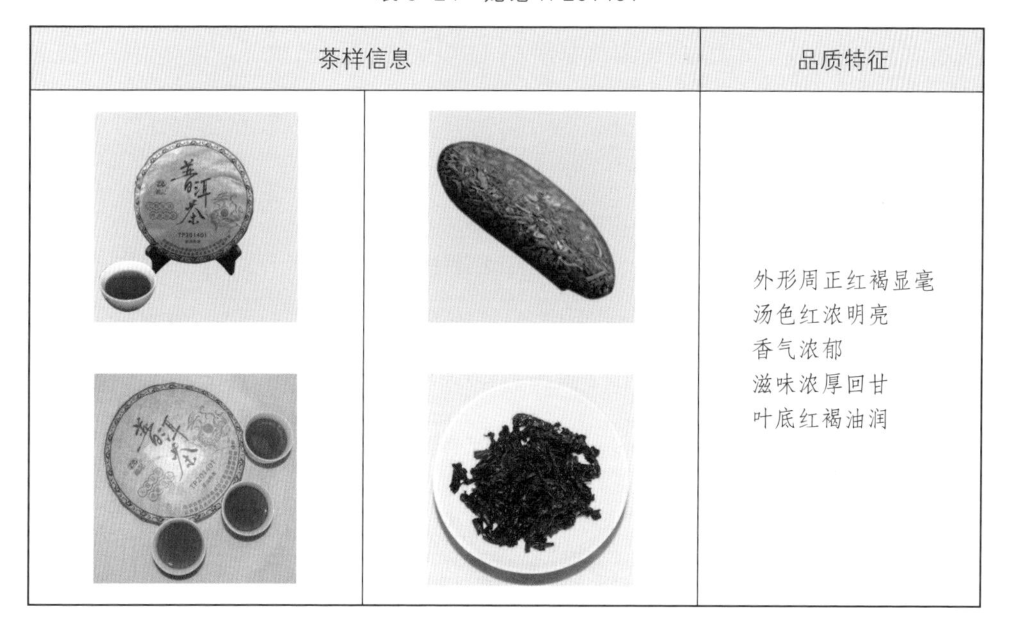

茶样信息		品质特征
		外形周正红褐显毫 汤色红浓明亮 香气浓郁 滋味浓厚回甘 叶底红褐油润

无量清心

表 6-25　无量清心

茶样信息		品质特征
		外形色泽红褐 汤色红浓明亮 香气陈香独特 滋味醇厚回甘 叶底红褐油润

（三）与时俱进之饮——便携，丰富生活

随着经济水平提升，生活方式多样化发展，人们对于茶的需求样式也向多元化、便利化方向发展。为顺应广大茶饮爱好者日常生活的品饮需求，茶膏、茶粉及袋泡茶应时而生。

茶膏品饮

表 6-26　茶膏品饮

茶膏	生茶	熟茶
	汤色橙黄明亮 香气浓郁 滋味鲜浓	汤色红浓明亮 香气陈香独特 滋味醇厚

茶粉品饮

表 6-27　茶粉品饮

茶粉	生茶	熟茶
	汤色黄亮 香气鲜爽 滋味鲜醇	汤色红浓明亮 香气馥郁 滋味浓厚

袋泡茶品饮

表 6-28　袋泡茶品饮

袋泡茶	生茶	熟茶
	汤色黄绿明亮 香气浓郁 滋味鲜爽	汤色红浓明亮 香气陈香独特 滋味醇厚

（四）寻觅健康养生之饮——科学普洱评鉴

周红杰名师工作室针对新时期健康对每一个人的重要意义，提出“新健康理念”。当代人生活工作节奏快、压力大，造成了当代人脑体力透支、缺乏锻炼、生活理念出现偏差等有损健康的现象频频发生，“新健康理念”希望现代人注重身体健康、心理健康和人文健康，在注重生命质量的基础上，围绕以上健康的三个层面，科技茶产品将在“新健康理念”中发挥积极作用。

1. LVTP 品鉴

LVTP（洛伐他汀）普洱熟茶是应用专利红曲菌株 MPT13（专利号：201010182965.9）制成发酵剂，接种于普洱茶晒青毛茶经过大生产发酵而成，既保持传统的风味，同时又具有新的香气（酯香浓郁）和滋味（顺滑、醇厚）特性，并且又增强了普洱茶的保健功效——降脂、降血糖、减少胰腺炎、降低全身炎症、抑制平滑肌细胞的迁移和增殖、抗炎等功效。经过长期的研究开发，LVTP 逐渐形成饼茶、散茶、袋泡茶三个系列，以满足不同人群的需求。

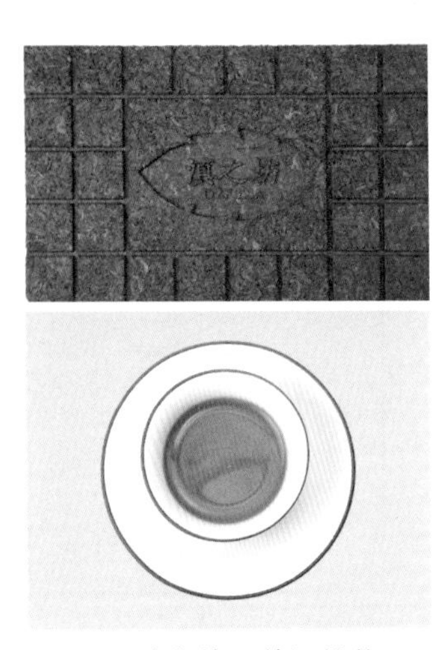

图 6.5　洛伐他汀普洱熟茶

图 6.6　洛伐他汀普洱熟茶感官审评

2. GABA 评鉴

GABA 普洱生茶，又称降血压茶，具有很高的生理活性，如降压、改善脑机能、增强记忆、抗焦虑、治疗癫痫、控制哮喘、调节激素分泌、防止肥胖、促进生殖、活化肝肾、改善神经细胞性老年呆痴、缓解脑血栓、脑动脉硬化造成的头疼、耳鸣等生理功能。现今，GABA 系列主要有饼茶、散茶和袋泡茶三个系列。

图 6.7　GABA 普洱生茶

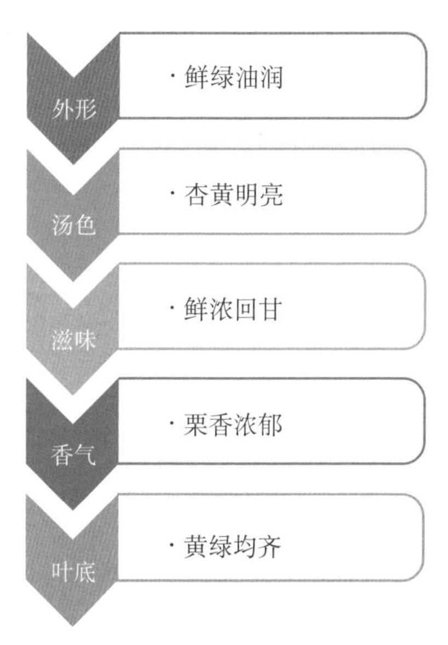

图 6.8　GABA 普洱生茶感官审评

（五）领略时空印记之韵——岁月陈茶赏析

1. 岁月茶赏析——氤氲茶香穿透红尘

金瓜贡茶

金瓜贡茶（人头贡茶），始于清雍正七年（1729 年）。相传制人头贡茶的茶叶，均由未婚少女采摘，且都是幼嫩的芽茶。这种芽茶，经长期存放，会转变成金黄色，所以人头贡茶亦称“金瓜贡茶”或“金瓜人头贡茶”。20 世纪 60 年代期间，北京故宫中的金瓜贡茶由于历史原因尚有一个留存，经后期开汤审评其滋味淡薄。

同庆号圆茶

同庆号始于雍正十三年（1735 年），制茶历史已百余年。其每筒的饼间都压着“龙马”商标内票一张，白底红字。清朝乾隆年间，同庆号普洱茶就被官府定为贡茶。同庆号茶选料精细，做工优良，茶韵悠远，在业界享有“普洱茶后”的美誉。

宋聘号圆茶

宋聘号茶庄于清光绪六年（1880年）创“钱利贞”商号，后改“乾利贞”号。民国初年，宋聘号与石屏商号“乾利贞”联姻合并，更名“乾利贞宋聘号”。有“茶王宋聘”之称。以内票颜色不同有“蓝票”、“红票”之分。

福元昌号圆茶

福元昌号

福元昌又称元昌号，和宋云号同时创于光绪初年间，专门采用易武山大叶种普洱茶叶，制造精选茶品，售国内及海外市场。现在的最古老的福元昌圆茶，产于光绪年间，已历时100年左右。其茶香多呈樟木香，滋味顺滑。

2. 陈茶赏析——新篇章下的果实

红印圆茶

红印因其茶饼内飞为红色八中印而得名，始创于1940年，终于20世纪50年代中期。红印分为无纸早期红印、有纸红印、早期红印、后期红印。

88青饼

“八八青”是香港陈国义先生命名的，是一种俗称，指1988年至1992年生产的某一批茶号为7542的七子饼。“八八青”的意思是以广东人的口音8字是代表行运与发财的好兆头。

铁饼

1992年昆明茶厂生产的铁饼，用料肥大，并带粗老叶，有类似“桂圆”的老香气。品质仿“7572”，外形有类似“铁饼”的齐边，此饼型为昆明茶厂所制。

中茶92方砖

92方砖指1991年11月至1993年1月生产的100g生茶小方砖“普洱方茶”。用料高档，砖形光滑较薄，字迹清楚，有光泽。被茶友们奉为勐海茶厂的巅峰之作，后来被人们尊称为“九二方砖”。

（六）沧桑岁月知沉浮——变质茶鉴析

变质或劣质普洱茶特征：麻、叮、刺、刮、苦、涩、燥、干、杂、异、霉、辛、酸、怪。具体茶例见下。

表6-29　变质茶鉴析

茶样	品质特征
	外形残缺霉变 汤色红、杂质多 香气有异味 滋味麻叮

续表

茶样	品质特征
	外形布满霉菌 汤色红尚亮 香气有霉味 滋味涩刺干燥
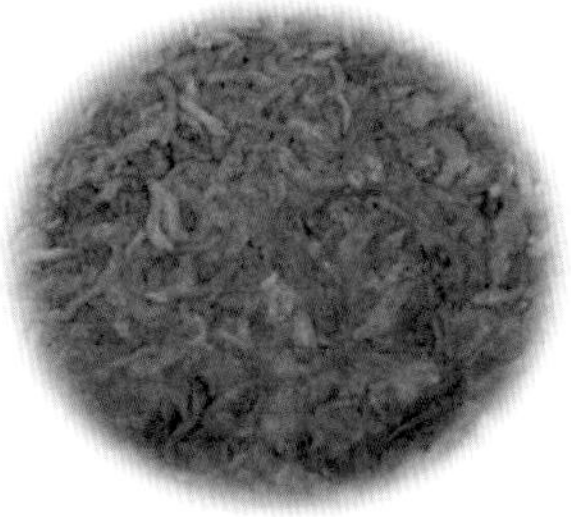	外形褐绿带霉变 汤色橙黄有杂质 香气杂 滋味不纯有怪味

附表 1：

普洱生茶评鉴表

评茶人：__________ 审评时间：___年___月___日 审评地点：__________

茶品名称：__________________ 茶厂名称：__________________

	项目	描述与参考分值	得分
外形 25%	饼型 10%（紧压茶）	（饼型）3 周正、2 较周正、1 变形	
		（边缘）3 光滑、2 较光滑、1 脱边	
		（松紧）2 适度、1 过紧、1 过松	
		（厚薄）2 均匀、1 欠均匀	
	紧结度 5%（晒青茶）	5 紧结、4.5 紧直、4.5 肥硕、3.5 纤细、3 粗松、2.5 泡松	
	整碎 5%（晒青茶）	5 匀嫩、4.5 匀整、4.5 匀齐、3 短碎	
	净度 5%	5 匀净、4.5 洁净、3.5 黄片、3 朴片、3 梗	
	嫩度 5%	5 显毫、4.5 较显毫、4 尚显毫	
	色泽 5%	（色）3（黄绿、绿黄、墨绿、深绿、黄褐）、2 花杂、1.5 灰褐、1.5 泛青	
		（泽）2 鲜活、2 油润、1.5 调匀、1 灰暗、1 枯暗	
香气 25%	类型（不评分）	清香、毫香、花香（荷香、兰香）、果香、蜜香、甜香、陈香	
	纯度 15%	15 浓郁、14 馥郁、13 醇正、12 纯正、11 纯和、10 平和、9 生青气、8 水闷气、7 粗青气、6 烟气、5 蛤气、4 酸馊气、3 霉气	
	高低 5%	5 高扬、4.5 上扬、3 平淡、3 清淡、2 沉闷	
	长短 5%	5 持久、3 较持久、2 不持久	
汤色 10%	类型（不评分）	黄绿、绿黄、黄褐、墨绿、深绿、浅绿、橙黄	
	明亮度 10%	10 清澈、10 明亮、8 尚亮、7 沉淀物多、6 混浊、5 晦暗	

续表

滋味 30%	醇厚度 10%	10 浓强、10 浓厚、10 醇厚、8 醇正、8 纯正、6 砂感、6 平淡	
	甜滑度 10%	10 甜绵、10 甜润、10 顺滑、10 润滑、9 尚甜、8 平滑、7 平淡、6 寡淡、5 粗淡、5 粗糙	
	回甘 5%	5 强、4 尚强、3 一般、2 弱	
	耐泡性 5%	5 耐泡、3 较耐泡、2 寡（水味）	
体感 （加减分）	韵味 （加分 0～5）	甘、滑、醇、厚、顺、柔、甜、活、洁、亮、稠 （6 个以上属强，4～6 个属尚强，2～3 属一般，1 个属弱） 5 强、4 尚强、3 一般、1 弱	
	异杂味（减分 −10～0）	苦、酸、辛、辣、酵、燥、馊、咸、霉、腐、麻、叮、刺、刮、挂、涩、干、杂、怪、异、飘（浮）、水味、锁喉 （3 个以内减 3 分，4～8 个减 5 分，9 个以上减 10 分）	
叶底 10%	匀嫩度 5%	5 弹性、4.5 匀嫩、4 柔软、3.5 粗硬	
	色泽 5%	5 油润、4.5 黄绿、4 绿黄、3.5 黄褐、3 褐黄、2.5 棕褐、2 灰褐、1.5 泛青、1 枯暗	

总体分数与评价：

附表 2：

普洱熟茶评鉴表

评茶人：＿＿＿＿＿　审评时间：＿＿年＿＿月＿＿日　审评地点：＿＿＿＿＿

茶品名称：＿＿＿＿＿＿＿＿＿＿茶厂名称：＿＿＿＿＿＿＿＿＿＿　□散茶　□紧压茶

	项目	描述与参考分值	得分
外形 25%	饼型 10%（紧压茶）	（饼型）3 周正、2 较周正、1 变形	
		（边缘）3 光滑、2 较光滑、1 脱边	
		（松紧）2 适度、1 过紧、1 过松	
		（厚薄）2 均匀、1 欠均匀	
	紧结度 5%（熟散茶）	5 紧结、4.5 紧直、4.5 肥硕、3.5 纤细、3 粗松、2.5 泡松	
	整碎 5%（熟散茶）	5 匀嫩、4.5 匀整、4.5 匀齐、3 短碎	
	净度 5%	5 匀净、4.5 洁净、3.5 黄片、3 朴片、3 梗	
	嫩度 5%	5 显毫、4.5 较显毫、4 尚显毫	
	色泽 5%	（色）3（褐红、棕红、红棕、褐红、红褐、棕褐）、2 花杂、1.5 灰褐、1.5 泛青	
		（泽）2 鲜活、2 油润、1.5 调匀、1 灰暗、1 枯暗	
香气 25%	类型（不评分）	陈香、樟香、木香、药香、果香（枣香、桂园香）、蜜香、糖香、沉香、菌香	
	纯度 15%	15 浓郁、14 馥郁、13 醇正、12 纯正、11 纯和、10 平和、9 酵气、8 烟气、7 粗气、6 闷气、5 酸馊气、4 霉气、4 腐气、4 蛤气	
	高低 5%	5 高扬、4.5 上扬、3 平淡、3 清淡、2 沉闷	
	长短 5%	5 持久、3 较持久、2 不持久	
汤色 10%	类型 5%	5 红浓、5 深红、4.5 棕红、4.5 红褐、4 棕褐、3.5 橙红、3.5 褐红、3 暗红、2.5 黑褐、2 暗黑	
	明亮度 5%	5 清澈、5 明亮、4 尚亮、3.5 沉淀物多、3 混浊	

续表

滋味 30%	醇厚度 10%	10 浓强、10 浓厚、10 醇厚、8 醇正、8 纯正、6 砂感、6 平淡	
	甜滑度 10%	10 甜绵、10 甜润、10 顺滑、10 润滑、9 尚甜、8 平滑、7 平淡、6 寡淡、5 粗淡、5 粗糙	
	回甘 5%	5 强、4 尚强、3 一般、2 弱	
	耐泡性 5%	5 耐泡、3 较耐泡、2 寡（水味）	
体感（加减分）	韵味（加分 0～5）	甘、滑、醇、厚、顺、柔、甜、活、洁、亮、稠（6 个以上属强，4～6 个属尚强，2～3 属一般，1 个属弱）5 强、4 尚强、3 一般、1 弱	
	异杂味（减分 -10～0）	苦、酸、辛、辣、酵、燥、馊、咸、霉、腐、麻、叮、刺、刮、挂、涩、干、杂、怪、异、飘（浮）、水味、锁喉（3 个以内减 3 分，4～8 个减 5 分，9 个以上减 10 分）	
叶底 10%	匀嫩度 5%	5 弹性、4.5 匀嫩、4 柔软、3.5 粗硬	
	色泽 5%	5 油润、4.5 红棕、4 红褐、3.5 棕褐、3 灰褐、2.5 泛青、2 枯暗	

总体分数与评价：

第七篇

洱茶商号及企业发展

宁静有时，澎湃有时，创新发展，普洱茶复兴可期。

普洱茶商号历史悠久，历经唐宋元明清至民国时期以及新中国成立以后一直延续到现在，其发展进程包含着丰富的文化信息，推动了普洱茶加工和贸易的兴盛，扩大了普洱茶的影响。

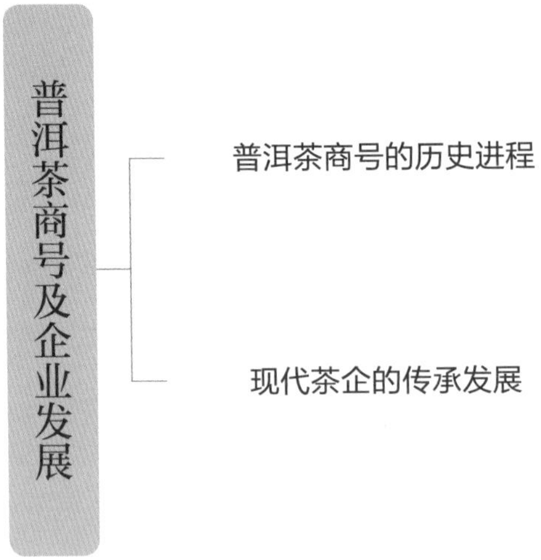

普洱茶商号及企业发展

- 普洱茶商号的历史进程
- 现代茶企的传承发展

在普洱茶的传播和发展过程中，茶马古道像丝绸之路一样成为连接内外的通道。普洱茶在明朝以前商品尚无字号，直到清朝，随着生产者和茶商的创新和发展，形成了不少普洱茶商号品牌，如同庆号、宋聘号、福元昌号、同兴号、迎春号、同品号、同泰号、可以兴、同顺祥、云泰丰等，至今这些商号茶庄仍然对普洱茶的发展发挥着积极重要的作用，并以其深厚的品牌效应将普洱茶积淀1700年的历史在新世纪释放出普洱茶真实的陈香、陈韵。

民国后，普洱茶的茶庄清朝余留下来的有同庆号、普庆号、同品号、宋聘号、同兴号、福元昌号、可以兴号；新发展的有敬昌号、鼎兴号、江城号、勐景号，这时期的普洱茶基本上都是由晒青大叶种加工而成的一系列产品。下面主要介绍几个经典的茶庄老号。

图7.1　茶马古道图

一、普洱茶商号的历史进程

（一）敬昌号

清光绪年间，个体茶商已纷纷介入普洱茶出口业务。1921年，敬昌号茶庄发展成为江城地方最大最有名的普洱茶庄之一。敬昌号茶庄生产的茶品，多以易武乡、曼撒茶山最优质茶青为原料，制茶工序、制造技术精良，品质优异，制成的“七子饼茶”饼体丰满而富有韵致，每筒有一张大的版画图案内票，白底绿色的字画，“敬昌茶庄号”以工整的楷书书写，气势十足，构图美观，极富艺术价值。茶庄的茶品用牛帮或马帮运往老挝，再装船运往越南、泰国和中国香港等国家及地区销售。

（二）可以兴

可以兴源于1926年，可以兴茶厂前身可以兴茶庄是云南最著名老字号之一，有着“砖茶之王”的称号，是历史上唯一的“十两砖”创造者，至今已有近百年历史。可以兴，历过岁月的沉淀，2001年可以兴商标正式注册，经过10多年的发展，旗下拥有勐海可以兴茶厂、勐海可以兴普洱茶庄园、广州可以兴茶业有限公司。茶厂以“秉承传统，诚信经营”为企业理念，经过几年的快速发展，企业规模迅速扩大，现生产旺季员工已达100余人，各类专业技术人员数十人，“可以兴”普洱茶很快在茶市中崛起，成为西双版纳令人瞩目的新兴老字号茶叶生产经营企业。

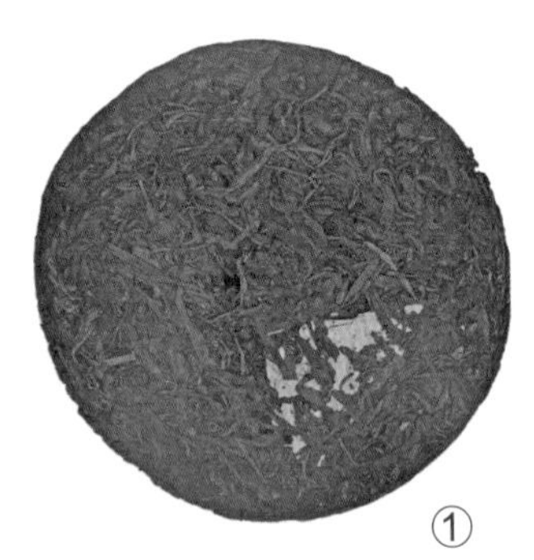
①
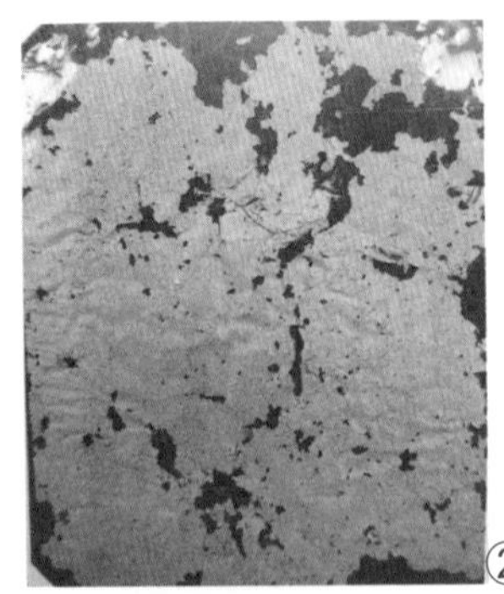
②

③

图7.2 敬昌号
（①敬昌号茶 ②敬昌号内飞 ③敬昌圆茶品筒身）

图 7.3 可以兴
（① 可以兴砖 ② 可以兴饼内飞）

（三）宋聘号

宋聘号茶庄于清光绪六年（1880年）创号“钱利贞”，滇南名邦石屏开市，驻厂六大茶山重镇易武，专司普洱商贸，省垣之中誉之“茶魁”，以生产大量普洱茶品闻名。茶庄选料上乘，非精选六山百年茶树之香芽而不入制。而后再经数十严格工序加工精制，方成普洱茶之上品。其所制之茶闻名四海，远销诸洲各国。“钱利贞”商号，后改名“乾利贞”号，以经营棉花、鹿茸、药材、茶叶等商品为主，于光绪二十二年（1896年）在思茅设立总店。1912年思茅发生瘟疫出现居民十户九空的惨状，乾利贞号被迫迁到易武经营。至民国初年，宋聘号与同在易武之石屏茶叶商号乾利贞联姻，两家茶庄由此合并，遂更

图 7.4 宋聘号
（① 宋聘号茶品 ② 宋聘号茶内筒票 ③ 宋聘号茶品内飞）

名“乾利贞宋聘号”。其后数十年，商号于易武一地发扬至盛，其所产普洱驰誉业内，并于香港设立公司，专营普洱茶海外业务，至此，乾利贞宋聘号已为易武镇最具名望的大茶庄，时人称“茶王宋聘”。“宋聘极品”，是普洱茶界中一个专有名词，就是那些属于宋聘号正厂，或是乾利贞宋聘号所生产的优良普洱茶品，都冠以极品，以示为宋聘号正宗好普洱茶尊称。时下的“宋聘极品”已经难遇更不可求了。宋聘号茶汤色红亮呈琥珀色，陈香扑鼻，滋味甜绵滑爽，叶底粗大清爽。

2009年中国北京嘉德第二十期四季拍卖会陈年普洱茶的专场拍卖会上，一块制作于20世纪初、重280g的红票宋聘圆茶以35万元起拍，拍到50.4万成交。

（四）福元昌号

福元昌又称元昌号，和宋云号同时创于光绪初年间，均在倚邦和易武两大茶山设了制茶厂，倚邦和易武曾演绎出了清代普洱茶最为辉煌的篇章。其中元昌号设于易武的茶厂名为“福元昌号”，专门采用易武山大叶种普洱茶叶，制造精选茶品，售国内及海外市场。光绪末年，地方治安恶化，加之疾病流行，两山茶庄关门歇业，且不复开张。惟易武的福元昌号又于1921年左右重新复业，生产普洱圆茶，直至40年代，每年产茶在500担左右。现在的最古老的福元昌圆茶，产于光绪年间，已历时100年左右。

2010年12月18日，北京嘉德四季第二十四期拍卖会“陈香滋气——普洱茶臻品专场”在北京国际饭店会议中心三层紫金大厅举行。其中备受瞩目的福元昌号于20世纪初生产的“福元昌号蓝内飞圆茶一筒”，共7片，重2100g。估价为230万至330万元人民币，最终以504万元人民币被竞得。

①

②

③

图 7.5　福元昌号
（① 福元昌茶品　② 福元昌筒票　③ 福元昌内飞）

（五）车顺号

易武车顺号兴于1839清道光年间，是一个有着近200年历史的御用贡茶老字号。清朝道光年间，茶马古道的源头易武古镇车氏家族的世祖车顺来创办了“车顺号茶庄”，采摘自家茶山大叶种优质茶叶，手工制作女儿茶、人头金瓜茶、纱巾紧拧拳茶、沱茶、七子圆饼茶、竹香紧压茶等系列产品，远销我国的西藏、新疆、港澳台和东南亚地区，深受海内外客商的青睐。

1837年，车顺来参加了科举乡试、会试，取得了贡生资格。是年，为报知遇之恩，即向朝廷敬献车顺号茶庄自制的茶。道光帝品后大悦，连赞此茶“汤清醇，味厚酽，回甘久，沁心脾，乃茗中之瑞品也”！即书“瑞贡天朝”四字赐誉易武车顺号茶庄，并加封车顺来为“列贡进士品位”。

图7.6　瑞贡天朝

本號在易武正街開張[illegible]
順號記揀選細葉貢[illegible]
[illegible]尖芽會工揉造白
尖此茶有[illegible][illegible]性味不同
有大葉[illegible][illegible]茶味淡其細
貢茶能消食除冷去百毒
購存日久更佳凡官商
光顧認明內票及元飛為
記 小號主人車宗義謹識

图7.7　车顺号

（① 车顺号茶品　② 车顺号茶内筒票　③ 车顺号茶品内飞）

（六）陈云号

陈云号创立于清中后期。是民国初年最大的普洱茶商之一，当时的老板陈石云，人称“陈半山”。云南省勐腊县易武乡张家湾的曼腊茶山有一半茶园都姓陈。陈云号最兴盛的时期是1900—1933年，当地人都这样说，易武有刘癸光，曼腊有陈云山，一个南，一个北。陈云号有自己的马帮，茶叶的原料以易武、曼腊茶山为主，生产出的产品运往越南的莱州，产品主要销往中国香港及东南亚。陈云号最后一批茶叶生产于1951年。

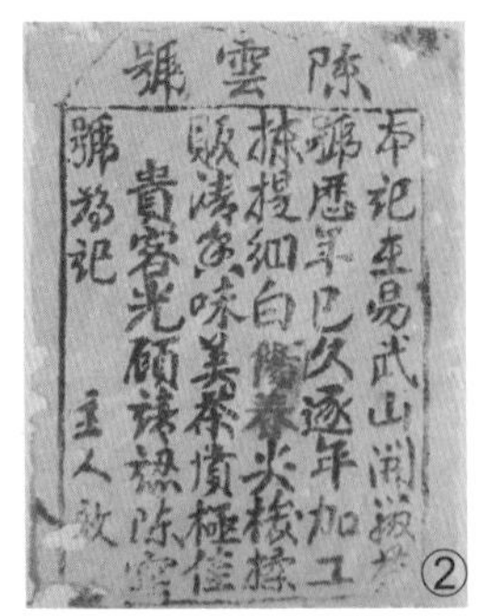

图 7.8　陈云号
（① 陈云号茶品　② 陈云号茶内筒票　③ 陈云号茶品内飞）

（七）鸿泰昌号

鸿泰昌茶庄创建于 1926 年，茶庄设在六大茶山中的倚邦，创始人高鸿昌。茶叶原料主要以倚邦山为主。20 世纪 30 年代，鸿泰昌茶庄在泰国开设分公司，取号“鸿泰昌号”。同期也利用泰国的茶青，生产普洱茶供应东南亚市场，堪称普洱茶历史上的第一个庞大的“普洱帝国”。

鸿泰昌茶庄在倚邦的总部经营到 20 世纪 50 年代，而设在泰国的分公司至今仍然存在，是一个孤悬海外的普洱茶王国。

（八）江城号

江城哈尼族彝族自治县属于普洱市，位于普洱市东南部，东邻越南，南连老挝和西双版纳的勐腊县，西靠思茅区、景洪市，北与宁洱哈尼族彝族自治县、墨江哈尼族自治县、绿春县接壤，是一

图 7.9　鸿泰昌号
（① 鸿泰昌茶品　② 鸿泰昌车轮包）

①

②

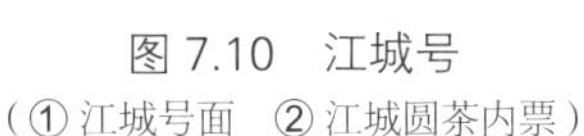
图 7.10　江城号
（① 江城号面　② 江城圆茶内票）

个“鸡鸣三国”（中国、越南、老挝）的边陲县。江城县主要河流有李仙江（无量山、哀牢山界河）、勐野江、曼老江等。因境内溪河众多、三江环绕，故称“江城”。

据《云南省茶叶进出口公司志》记载：云南省为了控制茶叶品质，技术水平得以相等，能得到公平交易而设定统一价格，20 世纪 50 年代开始制定了“青毛茶收购价区”，把江城县、澜沧县都纳入“西双版纳价区”同一价位，使各茶号制茶技术水平得以相当，以保证公平交易。

江城圆茶饼身结实，压模技术特殊，饼面不平，边缘厚薄不一样。饼身直径 19.50cm，条索扁长，色泽栗黄，茶青油光，是典型的大叶种普洱茶外观特色。

江城圆茶和普庆圆茶一样，只有内票，没有内飞。内票是 11×16cm 立式长方形规格的手工蜡纸，米黄色底，图字是黑色油墨印刷的，手工油印。细看内票的图文，上面出现了五星的设计图案，文字里有“认真包装、繁荣经济”的词句。

江城茶与易武茶相比，条索没那么粗壮，茶汤也略薄，但整体来说香气、口感等与易武茶还是很相似的，一般人很难区分两地的茶青。参考下邓时海老师对江城圆茶的评语：有一股浓厚的清香老茶香，达到老韵程度；水性较薄但柔滑和顺，舌面生津。

二、现代茶企的传承发展

普洱茶发展具有历史性、社会性、时代性、民族性和国际性。不同历史阶段的普洱茶加工工艺是不同的。茶树迄今虽有 1700 年的栽培历史，在唐代时只不过“散收，无采造法”，宋元未见记载，到了明代，可看到有加工揉制“紧茶”的“蒸而团之”的记载。普洱茶的发展长期以来加工技术粗放、落后，未受重视。清朝是普洱茶的鼎盛时期，主要表现在制作贡茶上。民国普洱茶作为商品行销，产品工艺仍然简单，销区有限。

中华人民共和国建立以后，20世纪70年代初，对外贸易不断扩大，普洱茶生产供不应求。根据消费者对普洱茶的要求，云南省茶叶公司在昆明茶厂研制人工后发酵普洱茶，在勐海茶厂等国营生产厂家推行现代普洱茶生产新工艺、新技术，使普洱茶加工进入了注重科技、重视品质和效益的新时期。普洱茶是传统历史名茶，是云南特色茶，是在一定历史时期孕育下的产物，并在历史发展中不断创新、发展。下面介绍具有代表性的企业。

（一）大益茶业集团

图7.11　大益茶业集团

云南大益茶业集团有限公司的核心勐海茶厂，历经几十年的辛勤耕耘，已经发展成为以普洱茶为核心，涵盖茶、水、器、道四大事业板块，贯穿科研、种植、生产、营销与文化全产业链的现代化大型企业集团，其生产规模、销售额、利税及品牌综合影响力稳居同行业第一，品牌专营店数量更创造全球同类门店之最。以“大益”牌普洱茶为代表的众多产品，均获国家环保总局有机食品发展中心颁发的“有机”（天然）食品证书，多次荣获国际、国家、部省级金银奖，并通过欧盟国际有机认证，远销日本、韩国、马来西亚、欧美等国家和我国的港台地区。

“大益茶制作技艺”于2008年入选国家级非物质文化遗产名录。2010年11月，大益集团获准在勐海茶厂设立茶行业博士后科研工作站，引入茶叶学科博士进站研究。2011年，“大益”牌经国家商务部正式认定为“中华老字号”。2019年1月云南大益微生物技术有限公司注册成立，使大益茶业成为全球微生物制茶的领跑者，把普洱茶发展推向新的高度。

（二）云南下关沱茶（集团）股份有限公司

云南下关沱茶（集团）股份有限公司位于风景秀丽、气候宜人的大理市下关，前身为创建于1941年的云南省下关茶厂。20世纪50年代，大理地区创办于20世纪初的数十家大小茶叶商号，通过公私合营全面并入下关茶厂。苍山洱

图 7.12　下关沱茶

海优良的生态环境，大理地区悠久精湛的制茶技艺，为下关沱茶的优良品质提供了得天独厚的保障条件。目前，公司拥有当今世界先进的茶叶加工设备和一大批专业技术人员及管理人才，是农业产业化国家重点龙头企业和国家扶贫龙头企业，国家边销茶定点生产和原料储备企业。2007 年，公司被国家农业部认定为“国家茶叶加工技术研发分中心”。

云南下关沱茶（集团）股份有限公司作为国家民委、国家经贸委等七部委指定的边销茶定点生产企业，自建厂以来产品一直销往西南、西北等少数民族地区，深受藏、彝、回、傈僳、普米等民族同胞的喜爱。“宝焰牌”下关砖茶被评为“中国茶叶名牌”、“云南省名牌产品”、“云南省消费者最喜爱商品”，“宝焰牌”商标 2004 年、2007 年、2011 年三次被评定为“云南省著名商标”。

（三）昆明七彩云南庆沣祥茶业股份有限公司

昆明七彩云南庆沣祥茶业股份有限公司专业事茶十余年，公司本着“为消费者奉献优质好茶”的理念，从种植源头、生产研发、品质监控、产品品项、产品专业仓储陈化等方面打造核心竞争力，从源头的深度把控、生产的苛刻标准、产品的研发创新、陈化的细致专业到产业扶贫的社会责任，创造了一个全新、专属的“七彩云南庆沣祥”的茶文化符号和美好茶生活。

图 7.13　七彩云南

2019 年，七彩云南庆沣祥茶业制定行业内首个严谨、完善的古树茶标准，围绕该标准，建立“一品一码”制，以极致匠心铸就古树茶真品质、真价值，全程溯源保真。

（四）云南双江勐库茶叶有限责任公司

图 7.14　戎氏

勐库戎氏茶厂的前身是创办于 1993 年的勐库茶叶配制厂，1999 年该厂收购了竞价拍卖的国有企业“双江县茶厂”。拥有“勐库牌”、“青岗牌”、“忙波牌”三大品牌商标，主要的茶区为勐库大雪山和半坡冰岛山。

公司连年获得国家茶叶质量监督检测中心的“无公害放心普洱茶”认证。整个生产流程已达国家食品出口企业卫生标准，产品被国家农业部茶叶质量监督检验测试中心认可为“无公害放心茶”。

企业多次荣获“中国茶业百强企业”、“农业产业化国家重点龙头企业”、“云南省普洱茶十大影响力企业”、“云南省食品安全示范单位”，是“中国茶业十佳企业品牌”，拥有联合国粮农组织有机茶示范基地。

（五）澜沧古茶有限公司

图 7.15　澜沧古茶

澜沧古茶品牌可追溯至 1966 年，前身是澜沧县古茶山景迈茶厂。公司自成立以来，一直依靠县境内芒景·景迈山的千年万亩古茶园和邦崴古茶树群为原料，凭借 40 余年的种茶、制茶经验和技术，生产纯正地道、品质优异的普洱茶，产品畅销国内多个省市，部分产品销往马来西亚、日本、韩国、法国、德国、美国、波兰、新加坡等国家和地区。

企业荣获“中国茶业百强企业”、“农业产业化国家重点龙头企业”、“云南省普洱茶十大影响力企业”、“云南省食品安全示范单位”，拥有“中国普洱茶十大品牌”、“云南老字号”等荣誉称号。

（六）勐海陈升茶业有限公司

图 7.16　陈升号

勐海陈升茶业有限公司于 2006 年建于美丽的西双版纳勐海县工业园区，是集普洱茶精制加工、生产、销售及茶文化和民族风情展演为一体的绿色工厂。

公司坚持以品质品牌诚信服务为宗旨，以“为天下普通百姓而做茶，为天下爱茶人士而做茶”为已任；坚持走茶与茶文化相结合、茶与民族风情相结合、茶叶加工工艺与艺术观赏相结合、茶农加基地加企业相结合的道路。

“佳茗天成”普洱茶产品获得2008年中国（北京）国际茶业博览会“特等金奖”。陈升号“老班章”、陈升号“7532”普洱生茶分别荣获2008年“第六届国际茶文化大展”韩国首尔茶博会“国际名茶茶王奖”、“国际名茶金奖”。

（七）南涧凤凰沱茶有限公司

图 7.17　凤凰沱茶

凤凰沱茶创始于1985年。南涧凤凰沱茶有限公司（原云南南涧凤凰沱茶厂）是一家集茶叶研发、生产、销售为一体的茶叶生产企业。公司通过了“食品生产许可（SC）”认证，是中国出口食品生产许可企业，取得了ISO9001国际质量管理体系认证、ISO22000食品安全管理体系认证，2007年获得了“绿色食品”认证。“鑫凤凰”商标获得了“云南省著名商标”、“云南省名牌农产品”等荣誉称号。2011年7月中国国际普洱茶评鉴委员会举办的首届“云香杯”名优普洱茶评比会上，“鑫凤凰”牌云南凤凰沱茶（生沱、熟沱）荣获金奖，被云南省档案馆作为云南省品牌普洱茶实物档案永久性收藏。2007年8月，云南南涧凤凰沱茶厂成为2008年北京奥运普洱茶唯一指定生产企业。2015年荣获“百年世博，中国名茶金骆驼奖”，并受邀参加意大利米兰世博会，成为获此殊荣的两家普洱茶企之一。

（八）普洱景谷李记谷庄茶业有限公司

图 7.18　李记谷庄

“百年沱茶，源自谷庄”，普洱景谷李记谷庄茶业有限公司位于云南省思茅地区景谷县景谷乡，是一个以生产普洱茶为主的现代制茶企业。谷庄第四代传人李明先生在谷庄发源地“小景谷”投资近千万元建成一座具有明清时代风格、采用现代化管理模式的谷庄茶厂。谷庄普洱茶原料采用景谷当地上百年大叶种老茶树晒青毛茶，经家传制茶技艺精制而成。谷庄普洱茶每年限量生产120吨。李记后代矢志秉承先辈制茶工艺，弘扬李记茶业遗风，注入现代卫生、生态标准，光大优质谷庄辉煌，塑造一个诚信的品牌，让普洱茶走向世界，让社会品尝到原汁原味的普洱茶。

（九）滇之坊实业有限公司

图 7.19 滇之坊

滇之坊实业有限公司成立于 2010 年 6 月，是一家集茶科技研究、茶产品研发、茶文化传播等综合为一体的高新技术型普洱茶企业。公司作为国家自然科学基金项目的科研成果转化平台，能够精准快速地掌握普洱茶科研新动向、新成果，并将其应用于企业产品的开发、生产、营销等多方面，从而在众多茶企中脱颖而出。

滇之坊与云南农业大学建立了校企合作，建立起长期的科研、技术合作关系。周红杰教授带领的科研团队对普洱茶开展了广泛而深入的研究，用科学化、数字化、智慧化拥抱大健康时代。团队目前在普洱茶研究领域中已取得多项发明专利，并成功研发科技普洱系列——LVTP、GABA，使普洱茶养生效果更佳，为滇之坊实业有限公司的产品研发提供了强大的技术支撑。

滇之坊专注普洱茶并积极探索普洱茶的新健康价值，运用先进的科学技术和科学模式进行研发、销售、推广普洱茶，并奉行“传承、创新、科学”的理念来促进普洱茶产业发展，在探索普洱茶健康领域的道路上永不止步。

2019 年 11 月滇之坊实业获得天星海外海战略投资，其旗下的餐饮品牌北京宴、俏江南、滨河壹号、滨河味道、潮上潮、杏花堂、老太原等门店同步上线滇之坊全线产品。餐饮集团的选择更是产品过硬的体现，滇之坊始终坚信：没有好的品质就没有好的合作；用数据说话、用品质成交；用科技打开普洱茶的能量！

第八篇

冲泡技艺献琼浆

合理冲泡，呈现普洱茶神韵。

鲁迅先生说，“有好茶喝，会喝好茶，是一种‘清福’。不过要享这‘清福’，首先就须有工夫，其次是练习出来的特别的感觉”。冲泡技巧的熟练运用是泡出一杯好茶的基础，但是泡茶是一门综合艺术。想要泡好一杯茶，不仅需要有精湛的技艺，还需要拥有深厚的茶文化知识，能够深刻理解茶道茶艺内涵，并且还需要具备较高的文明素养。

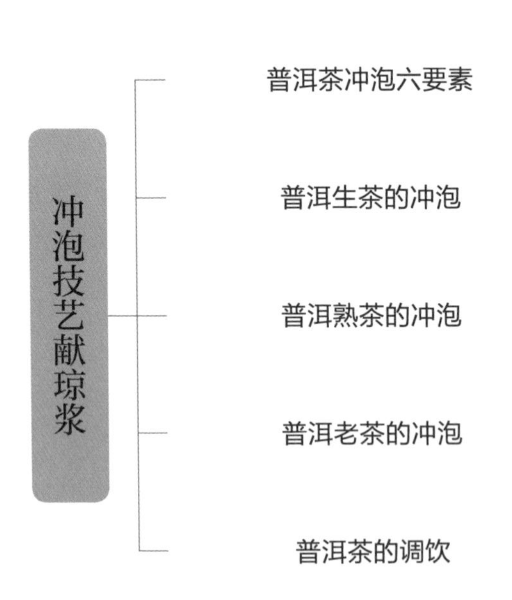

一、普洱茶冲泡六要素——真水、活火、精茶、妙器、美席、茶艺

泡茶，就是用开水浸泡茶叶，使茶叶中可溶物质溶解于水，成为茶汤饮料的过程。而茶艺，是如何泡好一杯茶并享受好一杯茶的技术和艺术。

泡茶，看起来简单，实际上，泡好一杯茶，却并不容易。在技术层面，需要你了解你想要泡的这款茶叶，然后备水择器、烧水净手，心正意诚地去把握每一泡茶水的时间、火候；在艺术层面，需要你以美的心理去感知茶之美的要素，布置、展示、分享、传达出你对茶的理解。因此，茶叶的冲泡技艺是一门综合性的艺术活动。它极易入门，却也极为仰仗我们自身对泡茶技艺的练习和对茶道艺术的感知。

普洱茶的冲泡技艺有六个要素，即真水、活火、精茶、妙器、美席、茶艺。

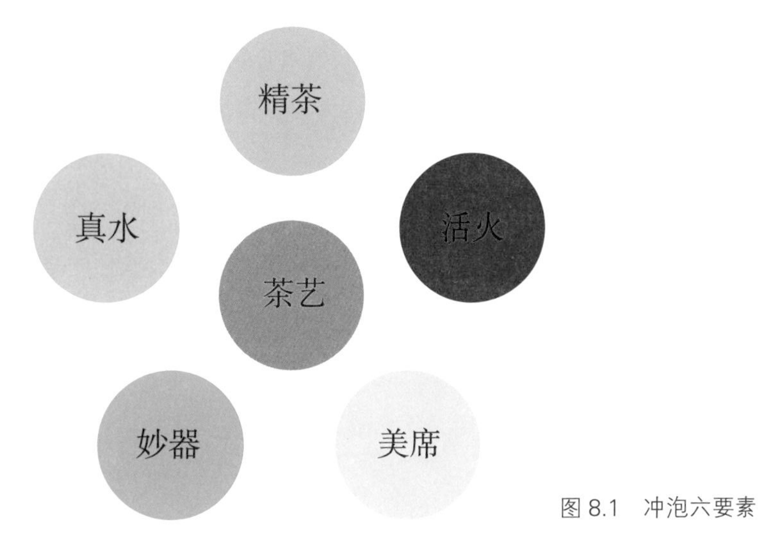

图 8.1　冲泡六要素

图 8.2　美席

图 8.3　太极茶艺

“真水”。水质要求“清轻活甘冽”；“精茗蕴香，借水而发，非真水无与论茶也”。古人关于泡茶择水的论述简短精悍，十分在理。

“活火”体现在烧水方式上，不同的火源火功在一定程度上影响着泡茶用水的“活度”。比如，久沸的开水中可溶性气体过分散失，影响茶汤鲜爽度，不适宜泡茶。

“精茶”，原料优良、制作工艺精湛、仓储适宜方才称得上“精”。

“妙器”偶得，浑然天成。选择适宜的器具冲泡茶叶也非常重要。以“器”为纲，我们可以深入探讨“泡茶三要素”（投茶量、水温、冲泡时间）与如何泡好一杯茶。

席之美境，艺之通情。享受一杯好的普洱茶，需要简静的心境、简静的茶席。茶席，即泡茶的空间。而茶艺，是技术与艺术的综合体现。

表 8–1　普洱茶茶艺程式

	茶境氛围准备	行茶氛围准备	行茶操作	出汤准备	茶汤分享	善始善终
操作	行礼、备具、煮水	赏茶、温盏、投茶	温润泡、赏茶香	育华、出汤	分茶、敬客、品茗	收具、致谢
要点	容姿饱满，不卑不亢；器具整洁，彰显格调；万全备水，细心烹制	取茶有则，置茶有量；温盏洁具，落落大方；取用有数，收纳得当	灌注眼耳鼻身意，迅速把握茶叶信息	适时出汤	浓淡适宜，礼数周到	“烹茶尽具”，谦卑恭敬。（注：“尽”，“洗涤”意）

普洱茶茶艺要求：神、美、质、匀、巧

神　神韵，指泡茶之人由内而外展示出的精、气、神。优雅自然的着装、和雅素净的容姿，以及彬彬有礼、落落大方的举止，都在无形中展示着泡茶之人的茶文化修养。由修养展露出来的风姿，就是神韵了。

美　美律，指泡茶操作过程的流畅、娴熟、律动之美。专注于一杯茶的冲泡过程，眼耳鼻身意贯注于泡好一杯茶，这样，不论是泡茶者本人还是观者，都能于无形中感受到茶之美韵了。

质　优质，指茶汤品质特征的出色展示。每一款茶叶都有自己的特点，在科学的冲泡方法下，将最优的色香味和营养保留下来是冲泡技艺的体现。

匀　匀称，指每次冲泡所出茶汤的浓淡均匀、过渡自然。茶汤浓度均匀适中是冲泡技艺的功力所在。在与他人分享茶汤的过程中，浓淡均匀、过渡自然的茶汤能够带给他人以舒适的体验。

巧　灵巧，指泡茶者在熟练掌握技艺要点的基础上，灵活掌握各个要素，不拘泥于他家之言，也不墨守成规，最终泡出有独特风格的、令人愉悦的茶汤来。

二、普洱生茶的冲泡

（一）普洱生茶

普洱生茶是晒青原料，经过等级归堆入仓、筛分、称茶、蒸茶、冲压成型、干燥、包装等工序制成的。

图 8.4　普洱生茶饼

（二）妙器

普洱茶生茶的冲泡器皿主要参考茶

饼的陈化期长短、茶饼压制的紧实程度等因素来选择。

“陈化”指普洱生茶在制成之后经妥善储藏，生青涩味逐渐减少，滋味趋于醇和的过程。陈化期较短、发酵度较轻、茶叶较松散的，可选择盖碗、瓷壶或者鼓腹矮身大容量紫砂壶；陈化期较长、发酵度较高、茶块紧硬的，用能够保温增温的高肩紫砂壶更能泡出茶之真味。盖碗比紫砂壶容易控制出汤水流及速度，可以有效避免闷泡；而紫砂壶保温又透气，可以最大效率浸泡出茶汤味道。

图 8.5　紫砂壶

图 8.6　盖碗

图 8.7　公道杯（分茶汤用）

冲泡普洱茶时，冲泡器具要能够充分展现茶汤之美。

内壁施浅色釉（如白釉）的公道杯、品茗杯呈现出的是茶汤的真色，内壁施青色釉的茶具能使茶汤呈现更绿的色泽，而透明玻璃公道杯，则宜直观鉴赏汤色。普洱生茶汤色黄绿透亮、普洱熟茶汤色酒红明亮，盛在玻璃公道杯中，晶莹剔透，极具观赏性。

冲泡器具容量大小和茶叶性质主导着投茶量。

投茶量随着容器容量的增大而增多。普洱生茶茶性较烈，投茶量可稍减少。另外，条索完整、撬散的生茶，用鼓腹矮身的紫砂壶冲泡便于大叶种叶片在茶器中舒展。一般以 6～8g 茶叶、150ml 的水为宜。

冲泡器具容量和投茶量决定了茶水比，但可以通过调节水温或者浸泡时间来控制茶汤浓度。

冲泡普洱茶水温要高，通常用 95～100℃的刚沸水。水温对香气和滋味都有很大的影响，水温低的话，普洱茶的香气不易充分展现出来。盖碗口敞易散热，比较依赖泡茶者对茶汤火候的掌

图 8.8　瓷壶

图 8.9　准备出汤

握；紫砂壶保温透气，相对不易闷到茶汤。对于原料偏嫩、新加工而成的普洱生茶来说，水温相对偏低一些的话，涩味会稍微轻一些。

浸泡时间长短即“对茶汤火候的把握”。

取用普洱饼茶时，最好能够顺从茶叶压制纹理来将其撬散，如若整块置入，茶叶浸泡时内含物质浸出速度较慢，不易把握出汤时机。随着茶叶的舒展，内含物质浸出速度加快，浸润时间可相应缩短。之后，茶味趋淡时，又要相应拉长浸润时间或者提高冲泡水温，这样每一次泡出的茶汤都比较均匀，不会开始很浓后面很淡。每一泡的茶汤都尽量出尽，以免影响到下一泡茶汤的色泽、香气和滋味。

客来敬茶，体现的是主人对客人的热情招待之情，把握行茶节奏流畅、控制每一次出汤的浓度稳定，以及在恰当的时机更换茶叶，是每一位茶人必修的功课。普洱茶是大叶种茶，比较耐泡，一般可连续冲泡 8～10 次以上。

（三）美席

茶席，是以茶为灵魂、以茶具为载体，在一定的空间内，与其他艺术形式相结合所共同完成的一个具有独立主题的艺术组合体，其目的是为了营造能够尽量完整表达出茶艺主旨的泡茶、品茶环境。茶具组合是茶席构成要素的主体。茶席所营造出的品茶意境，借由泡茶者的茶艺操作传达给品茶者，茶席的美于是就在动态的行茶韵律中被人们所感知。

普洱生茶茶席

茶席铺底布宜选素净纯色、简约风格者，辅助材料多取自自然。茶席布用大幅偏白苎麻布打底，上陈墨绿色桌旗；荷叶绿壶承上放置主泡器具，景德镇玄纹薄胎白瓷盖碗；三只品杯置于锡制荷花杯托上，与斑驳的紫竹小茶几辉映，

图 8.10 普洱生茶茶席

配置水晶锤纹公道杯，便于观赏茶汤色泽；竹制小屏风遮挡随手泡，后面跳脱一枝插花来，一枚石榴果掩映在几片新叶间，透出几分调皮。

（四）茶艺

中国茶艺的特点是集实用性、科学性、观赏性、哲理性于一体，有着诗一样美的程式名、精致美观的茶具、优雅到位的行茶程式，以及（最重要的）美味的茶汤。总之，着力于将诗样的美妙意境与宾客的感官体验融为一体。

普洱生茶茶艺程式包括：行礼、备具、煮水、赏茶、温盏、投茶、温润泡、赏茶香、育华、分茶、奉茶、敬客、品茗、收具、致谢。

表 8-2 普洱生茶茶艺程式

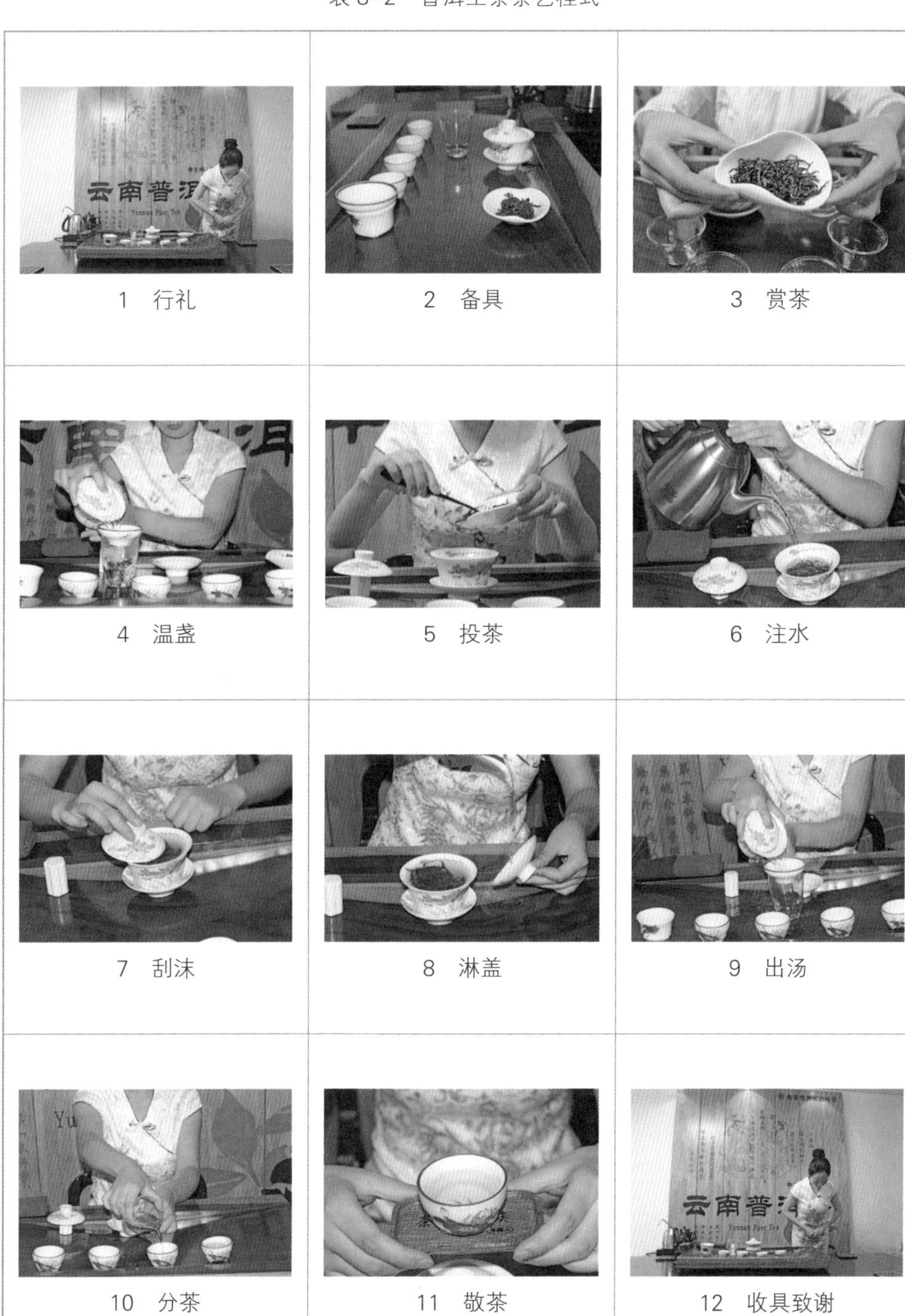

1 行礼	2 备具	3 赏茶
4 温盏	5 投茶	6 注水
7 刮沫	8 淋盖	9 出汤
10 分茶	11 敬茶	12 收具致谢

三、普洱熟茶的冲泡

（一）普洱熟茶

普洱熟茶，以云南大叶种晒青毛茶为原料，经渥堆发酵加工成的散茶和紧压茶。普洱熟茶散茶按照原料的嫩度级别，分为宫廷、特级、一级到十级、级外等十余个级别。普洱熟茶紧压茶由各级熟茶散茶拼配压制而成。

普洱熟茶富含多种维生素、氨基酸、多糖，以及钙、磷、镁、锌、铁等人体必需矿物质元素，具有丰富的营养价值；适量长期饮用，有降血脂、降血压、抑菌、助消化、解毒等多种保健功效。从普洱茶茶多酚、氨基酸等内含物来看，不同的冲泡方法，其内含物的浸出量是不同的。因此，掌握科学的普洱熟茶冲泡技巧尤为重要。

（二）妙器

20世纪80年代，普洱熟茶工艺形成的阶段，冲泡普洱茶仍以简易的散饮方式为主，随着紫砂壶的盛行，紫砂壶逐渐代替陶罐成为冲泡普洱熟茶的首选器具。紫砂壶透气、保温、美观，赋予了普洱熟茶茶汤以其他冲泡器具所不具有的色、香、味等品质韵味。

紫砂泥既保茶叶真香又透气，从而避免汤熟闷气，用来泡茶不失原味，色香味皆蕴含；砂质材质冷热急变性好，寒冬腊月，注入沸水不因温度急变而涨裂；砂质传热缓慢，提握抚拿不会烫手；紫砂陶质耐烧，冬天置于温火也不易爆裂；紫砂壶透气，热天盛茶，不易酸馊。

公道杯敞口易散热者，不适宜寒冷季节使用；收口者宜闻香，给泡茶增添情趣；紫砂质者保温留香，但不宜观赏汤色；玻璃材质者宜观赏汤色；无把者易烫手。总之，根据自己的喜好，合理选购即可。普洱熟茶汤色红浓明亮，盛在玻璃公道杯中，如红酒、玛瑙一般，晶莹剔透，极具观赏性。

图8.11　紫砂壶

图8.12　普洱熟茶汤

图 8.13　普洱熟茶茶席

紫砂壶冲泡普洱熟茶水温要高，一般要用 95～100℃的沸水冲泡。为了保持和提高水温，在冲泡前要用沸水将茶具烫热，冲泡后在壶外浇淋开水以提高温度，蕴育茶香。

冲泡普洱熟茶，一般选用泥质细腻的紫砂壶，茶与水的比例 1∶30～1∶50 都可以。不同的茶水比，沏出的茶汤，香气高低、滋味浓淡各异。茶水比例较小（投茶少）则增加泡茶水温或延长浸泡时间；茶水比例较大（投茶多）则减少浸泡时间。

（三）美席

茶席设计有着自己独立的结构形式，它以铺垫为平面基础，以主器具为空间表现核心。茶席设计静态展示时，其形象、准确的物态语言，会将一个个独立的主题表达得生动而富有情趣；茶席设计动态演示时，其主题又将通过茶的魅力和茶艺的精神得到更完美的展示。

泡茶三要素：投茶量、水温、冲泡时间

投茶量　一般容量为 150ml 的壶，投茶 6～8g。

水温　100℃沸水

冲泡时间　紧压茶块：开水润茶 40～50s，第一泡 30～40s 后可以出汤
解散茶叶：开水润茶 10～20s，第一泡 20～30s 后可以出汤

（四）茶艺

表 8-3 普洱熟茶茶艺程式

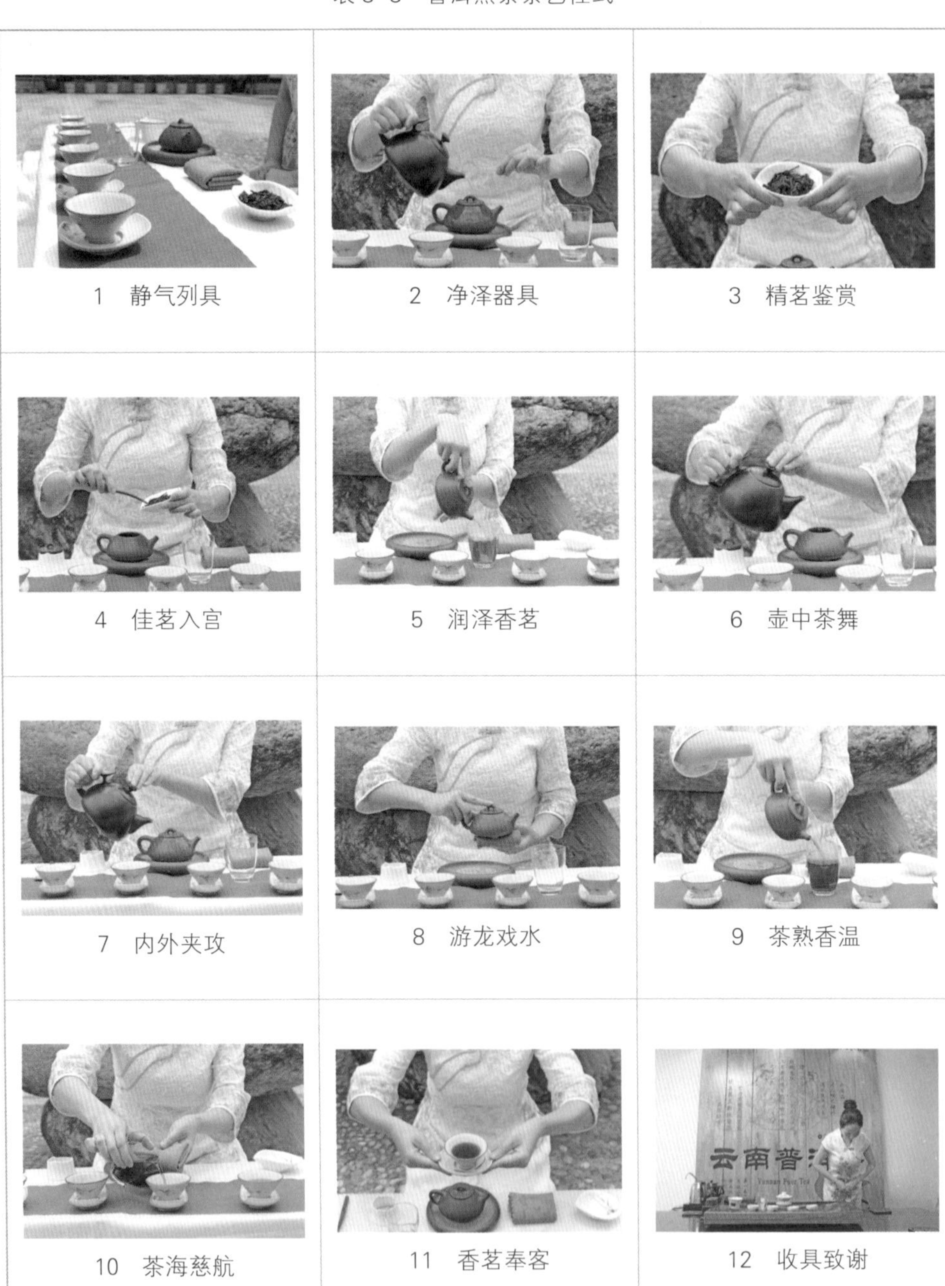

1 静气列具	2 净泽器具	3 精茗鉴赏
4 佳茗入宫	5 润泽香茗	6 壶中茶舞
7 内外夹攻	8 游龙戏水	9 茶熟香温
10 茶海慈航	11 香茗奉客	12 收具致谢

四、普洱老茶的冲泡

（一）精茶

“老茶”是指存放年数在十年以上的普洱茶，经过长期存放，自然的陈化使其成熟醇厚，陈香中生发出活泼生动的韵致，且时间越长，其内香和活力越发显露和稳健；从最初的青涩刚烈，慢慢内敛得深厚醇香，特别彰显了普洱茶越陈越香的特点。

（二）妙器

冲泡老茶，冲泡器可选择盖碗或紫砂壶，保持较高的水温是关键，同时要把握好出汤时间。品茗杯最好选择明净雅致的青花玄纹白瓷杯，以彰显老茶的本色。老茶的茶艺设计要体现自然质朴的韵味。

（三）美席

茶席作品的创意，是设计者审美的体现，优秀的创意能够把设计者的情感贯注到作品之中，有其艺术和思想的表现深度，营造氛围、展现意境。普洱老茶，岁月将茶叶最迷人的品质一点点升华、绽放，令多少人为之倾倒！

图 8.14　普洱老茶茶席

（四）茶艺

表 8–4　普洱老茶茶艺程式

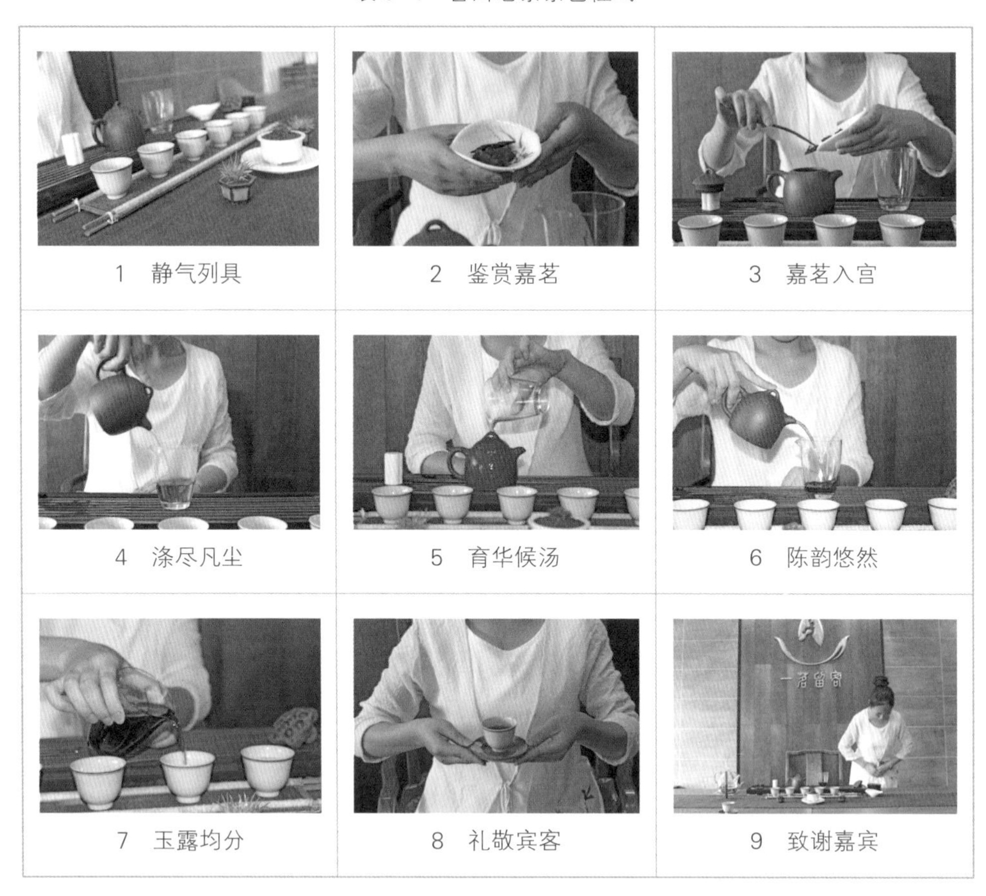

1　静气列具　2　鉴赏嘉茗　3　嘉茗入宫
4　涤尽凡尘　5　育华候汤　6　陈韵悠然
7　玉露均分　8　礼敬宾客　9　致谢嘉宾

五、普洱茶的调饮

在云南的大部分地区仍保留着以茶入药、以茶作菜、以茶羹（调）饮等古老的茶叶利用方式，而所谓“普洱调饮茶”，即在茶叶或者茶汤中添加其他佐味食材来食用或饮用的混合流质品，滋味百变而独特。常见的做法是添加姜桂。往茶汤里添加姜桂等香辛料，最初并不是为了求得多变的香、味，而是因为生活环境的湿潮烟瘴，或酷寒，通过添加香辛料，可以调节饮食、强身健体。现在，随着调饮概念的普及，人们为了追求更为丰富的色香味，普洱调配茶的花色层出不穷。

营养保健的普洱调配茶一般会加入牛奶、酥油、食品佐料等。

（一）加酥油调饮

酥油是一种类似黄油的乳制品，是从牛羊奶中提炼出来的脂肪。酥油含有多种维生素，营养价值颇高，具有滋润肠胃、和脾温中的功效。

酥油茶的制法：将普洱茶砖、茯砖茶、康砖、金尖茶等边销茶捣碎，加适量的水煮沸后，滤出茶渣，然后将茶汤倒入专用的酥油茶筒内，调入适量食用酥油、食盐、鸡蛋及佐料等，用专用的打茶杵在筒内上下抽拉茶汤，使茶汤和酥油水乳交融，最后倒入大茶壶，分酹到茶碗饮用，佐食三餐。

酥油茶是藏族人民每日的必饮品，也是招待客人的必备品。

（二）加奶调饮

我国西北边疆以畜牧业为生的少数民族、蒙古国以及中亚一些牧业国家的人们喜爱饮奶茶。牧区人们多食牛羊肉，蔬菜摄入少，饮茶可以弥补维生素摄入不足，并助消化。每日必需，不可或缺，以蒙古族为典型。蒙古族喝的咸奶茶，用茶多为青砖茶或黑砖茶，煮茶的器具是铁锅。制作时，先把砖茶打碎，并将洗净的铁锅置于火上，盛水 2～3kg，烧水至刚沸腾时，加入打碎的砖茶 25g 左右。当水再次沸腾 5 分钟后，掺入奶，才算煮好了，即可盛在碗中待饮。蒙古族同胞认为，只有器、茶、奶、盐、温五者互相协调，才能制成咸香适宜、美味可口的咸奶茶。

（三）加食品作料调饮

加食品作料调饮是少数民族常见品饮普洱茶的方法之一，不仅丰富普洱茶茶汤的口感，而且具有一定的保健功效。

芝麻豆子茶：将茶叶与炒熟的芝麻、黄豆和菊花、生姜、食盐等一同泡饮。有些地方逢年过节和客来串门，泡此茶待客。

糊米茶：先将适量的糯米置入陶土茶罐内不断翻抖烘烤，待糯米发出微微烘烤香时，放入茶叶，一起烘烤至发出浓郁香气时冲入沸水。根据饮茶者的身体情况，可再配上药用植物，煮沸后加入红糖，待红糖溶化后即可斟入茶杯中饮用。此茶具有辅助治疗感冒、咳嗽、喉痛、肺热等作用。

（四）花草茶调饮

以普洱茶为主料，配以食药同源植物产品进行冲泡调饮。既保留普洱茶风味，又对身体起到保健作用。

图 8.15　调饮普洱茶

第九篇

七彩云南——多样滋味、多彩茶俗

七彩云南，多彩茶俗，了解云南多元的民族茶文化。

云南民族众多，茶对于少数民族来说具有非常重要的意义，它不仅是一种祭祀神物、婚嫁信物等，更是人们日常生活不可缺的必需品。云南的少数民族饮茶习俗充满着鲜明的民族地域文化特色。

茶树发源于中国的西南地区。于世代生活在这里的少数民族而言，茶叶，已经不仅仅是解渴的饮料，更是药物、食物和经济来源，它是祭祀的神物，更是婚嫁的信物，其中蕴含着淳朴的愿望、质朴的茶情、茶礼。根植于云南大地的众多少数民族，大都与茶叶有着不解之缘。他们依托这里得天独厚的自然条件，创造出丰富多彩的用茶文化——烤茶、烧茶、竹筒茶，以及各种养生保健的“茶菜”，不胜枚举。

人们为了减轻茶树鲜叶的青苦气味，开始了对茶叶的简单加工，烧茶就是最简单的一种。烧茶，是把从茶树上采摘的一芽五六叶的新梢，先放在火上烧烤到叶色焦黄，然后投入到壶中煎饮。烧茶所采用的器具，从最开始的石器、陶器发展到铁器，在云南各个少数民族的生活中都有广泛应用。烧茶也就是杀青工艺的原型。把烧茶与晒茶这两种原始加工方法结合起来，即将鲜叶先放在火上略烤一下，再把它摊晒至干，这便是晒青茶制造工艺的雏形。

在云南少数民族地区，饮茶方式主要以烤茶和煮茶为主，常用的烹茶器具是烤茶罐和竹筒。烤茶主要是用来招待远方亲朋、宾客，如送贵客要喝竹筒茶，而劳动场合一般煮茶饮用。下面，将依次向大家介绍佤族、拉祜族、基诺族、藏族、纳西族、傣族、白族、德昂族、哈尼族、布朗族等十个涉茶少数民族的茶饮及茶艺。

一、“阿佤人民唱新歌”——纸烤茶

少数民族众多的饮茶方式中，烤茶最为普及广泛。烤茶一般用陶土罐子抖烤饮用。烤过的茶叶消除了本身的生寒气息，又兼具清心、明目、利尿的保健作用。烤茶汤色或红艳或黄褐，滋味醇浓。茶水苦中有甜，焦中有香，饮后提神生津，解热除疾。

佤族自称“阿佤”，其先民是古“百濮”的一支，是云南的土著民族，“佤族”意为“住在山上的人”，主要分布在云南沧源、西蒙、澜沧和孟连等地。佤族同胞喜欢嚼槟榔、抽草烟、喝浓茶，尤其擅长烤茶。

佤族纸烤茶是20世纪90年代才流传于佤族民间的一种烤茶方式，是一种新兴的佤族饮茶习俗，一般只有在重大祭祀礼仪活动时才饮用。顾名思义，“纸烤茶”即将茶叶放在特殊的纸上烤香后品饮。

想要烤出色香味俱全的纸烤茶，具

有一定的技术难度。首先要选一芽一叶大叶种嫩梗（俗称米梗）茶或蓓蕾茶作为原料（普通百姓制作纸烤茶时一般选用晒青绿茶），随后用专门的烤茶用纸来抖烤。烤茶纸是一种以野生竹子为原料、采用当地民间土法手工制作而成的生草纸。为了使茶叶烤炙受热均匀，交替使用"簸、翻、挪、颠"四种手法，使茶叶隔着纸张在炭火上反复受到烤炙。全过程共需抖动生竹草纸数百次，最后使茶叶达到梗泡、叶黄、呈蛤蟆背状且焦香而不煳。

茶叶烤好后立即放入事先预热的瓦罐中，注入烧开的泉水。第一泡在注入开水后即倒出，是谓"醒茶"；第二泡在注水后煨煮约1分钟即可饮用；第三、四泡则根据香气、汤色、滋味适当延长煨煮时间以使茶味浓酽。纸烤茶具有汤色金黄、明亮，香气高长、淡雅，滋味醇和、回味悠长的特点。

另外，居住在双江地区的阿佤人世代沿袭着另一种烤茶方式——石板（瓦片）烤茶。石板（瓦片）烤茶泡制简捷，工序简单，味道独特，是地道的百姓家常茶饮。石板烤茶色泽明亮，暗里透红，味苦中带涩，涩中回甘，是一道提神补气、解疲开郁、健体美容的佤家礼仪茶饮。

二、"猎虎的民族"爱烤茶

拉祜族（"拉祜"的意思是"猎虎"），早期是游牧民族，喜食各种肉类，常常狩猎各种野生动物获得肉食。

烤茶，拉祜语称"腊扎夺"。首先将土陶罐洗净在火塘上烤热，然后放入茶叶进行抖烤，待茶色焦黄时，冲入沸水，去掉浮沫，再加入沸水熬煮片刻，一罐香高味美的烤茶便煮好了。待茶煮好后以陶碗盛茶，献给客人。这种烤茶香气浓烈、滋味浓酽，饮后精神倍增、心情愉快，但常喝容易上瘾，拉祜族人常常一天不喝茶就非常难受。拉祜族最具特色的烤茶是"火炭罐罐茶"，烤茶时将烧红的火炭投入沸滚的茶汤中制成，具有消食解腻的保健功效。

三、包烧还是凉拌，基诺同胞“吃”茶有一套

基诺族是一个与茶叶密不可分的民族，他们聚居于基诺山，即是历史上著名的普洱茶古六大茶山之一。在基诺语中，把茶称为“拉博”：“拉”即“依靠”，“博”即“芽叶”，即称茶是“赖以生存的芽叶”；另外，基诺人称茶树为“接则”：“接”指“钱”，“则”指“树”，“接则”即为“摇钱树”的意思。基诺族至今还保留着古朴的“以茶鲜叶入菜”的习俗，比如喝“包烧茶”、吃“凉拌茶”。

（一）包烧茶

“包烧茶”又称“菜包茶”：所谓“菜”，指的是芭蕉、冬果、棕树等植物的叶子。将约500克的大叶种茶树鲜叶用“菜”包2～3层，缠紧，埋在火塘的灰堆里，利用炭火余热将其烧至外部树叶焦黄、茶叶散溢出浓郁清香后，取出，去除外层的炭灰，打开树叶，即是“包烧”好的茶叶。此茶既可晾干储存，也可即时冲泡。饮用时，取出适量“包烧”好的茶叶投入竹筒内，注入山泉水，放在火塘上煮沸，3～5分钟后，将煮好的茶汤均匀地倒入茶杯中，奉给尊贵的客人。有时，也直接将包烧好的茶叶置于沸水中浸泡饮用。基诺族“包烧茶”比我们平时饮用的茶滋味更浓郁，有健脾开胃的功能。“包烧茶”（即“菜包茶”）通常是基诺族同胞在田间干活时的茶饮，可以在田间现做即饮，有剩余则晒干收藏。

（二）凉拌茶

基诺族喜爱吃的“凉拌茶”，是中国远古时期“以茶为食”文化的延续，基诺族称它为“拉拔批皮”。基诺族的凉拌茶饮食文化丰富多彩，现存的凉拌茶做法至少有十几种。现在，凉拌茶是基诺人待客迎宾的特色菜品。

最简单的“凉拌茶”又叫“生水泡生茶”，是基诺人在野外劳作休息时临时制作的下饭菜。制法为：砍一节粗大的鲜竹筒，横剖两半作容器，采下新鲜的茶叶，用手适当揉碎后放入容器中，注入适当的山泉水，加入随身携带的盐巴、辣子等佐料，拌匀后即成一道既可以提神解渴，又可以佐餐的“茶菜汤”。

更常见的是，佐以新鲜时令蔬菜、菌菇或者火烧干巴的凉拌茶做法。比如，随地取宽大的芭蕉叶，包烧时令菌菇，再将烧好的菌菇配上黄果叶舂碎，与揉碎的茶鲜叶一起配上佐料、咖喱罗和山泉水，做成美味的菜汤（图9.5至图9.10为基诺族干巴凉拌茶的制作过程）。

随着季节的变换，基诺族凉拌茶的佐菜也随之变换。凉拌茶以糯米饭作搭档佐餐，清香回甘，余味悠长，妙不可言。吃“凉拌茶”的习俗仍旧广泛留存在基诺族的各个寨子中。

图9.1　酸蚂蚁凉拌茶

图9.2　干巴凉拌茶

图9.3　菌菇凉拌茶

图9.4　咖喱罗凉拌茶

图 9.5　采摘茶嫩叶

图 9.6　洗净备用

图 9.7　火烧干巴与辣子

图 9.8　捣碎干巴与佐料

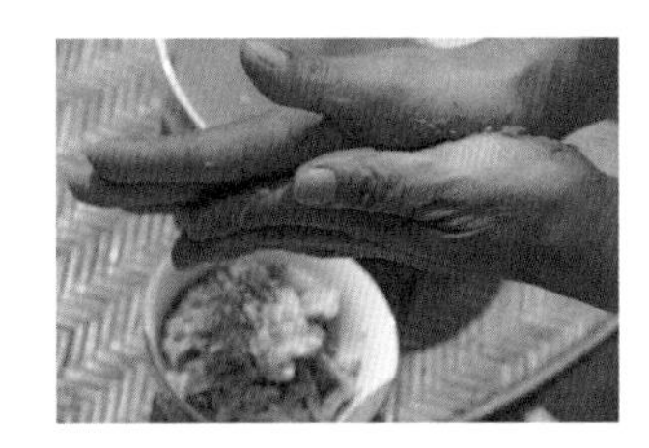
图 9.9　加入揉搓后的嫩叶

图 9.10　注入山泉水

四、藏族——“不可一日无茶”

藏族人嗜好喝茶，几乎到了“无人不饮，无时不饮”的程度。

传说唐朝时，文成公主嫁给吐蕃赞普（王）松赞干布，为雪域高原带去了茶叶茶籽、棉布及纺织技术。藏族聚居地普遍高寒缺氧，海拔高、气候恶劣。作为游牧民族，藏族地区人民食物多以青稞面、牛羊肉和糌粑、乳、奶等油燥性之物为主，缺少蔬菜。茶叶富含茶多酚、氨基酸、维生素、蛋白质，具有清热、润燥、解毒、利尿等功能，能够平衡藏族同胞的饮食结构，去腥除燥，防治消化不良等病症，起到健身防病的作用。正是因为如此，藏民族才与茶叶结下了不解之缘。

如今藏族同胞的年人均饮用砖茶接近 5kg，成了世界上人均消费茶叶最多的民族。

酥油茶是一种在茶汤中加入酥油等佐料，经特殊方法加工而成的茶汤。

酥油，藏语称之为“芒”，色泽为金黄或乳白色，是藏胞用传统的手工工艺从牛奶中提炼分离出来的，具有极高的营养价值。

在制作酥油茶时，先将紧压茶打碎，加水煎煮 20~30 分钟，之后滤去茶渣，将茶汤注入圆柱形的打茶筒内。同时，加入适量酥油，还可根据需要添加事先已炒熟、捣碎的核桃仁、花生米、芝麻粉、松子仁之类，最后还应放入少量的食盐、鸡蛋清等。接着，用木杵在圆筒

图 9.11　打酥油茶

内上下匀速提拉抽打茶汤，待茶汤与酥油佐料混为一体，酥油茶就做好了，随即将酥油茶倒入茶瓶中保温待饮。

酥油茶含有极高的热量，可以祛寒保暖、解饥充饭，同时也是接待亲友的绝佳应酬品。

五、纳西族——“龙虎斗”

纳西族人民非常喜欢茶，饮茶历史也十分悠久。纳西族的聚居地丽江，地处茶马古道要塞，古城四方街自古以来就是重要的茶马集散重镇，是因茶马物资交流而形成的城市，被称为“马蹄踏出来的古城”。在茶马贸易繁荣的时期，人们曾用茶叶来交换物资、买卖物品，故茶叶在当时被称为“黑金子”。

“龙虎斗”是纳西族的特色茶饮，纳西语为“阿吉勘烤”，是一种富有神奇色彩的饮茶方式。

制作方法：首先把小土陶罐在火塘边烘烤，烤热时投入适量茶叶，待茶叶焦黄发出焦糖香时倒入沸水煎煮，像熬中药一样，将茶汁熬得浓厚；在茶盅内倒上小半杯白酒，然后将熬煮好的茶汤倒入盛有酒的茶盅内，顿时，盅内发出“噼啪”的响声。纳西族把这种响声看作吉祥的象征，响声越大越吉利，在场的人便越高兴，响声过后茶香酒香四溢。有时还要在茶水里加一个辣椒，这是纳西族用来治感冒的良方。偶感风寒喝一杯“龙虎斗”，浑身出汗后睡一觉就感到头不昏了，浑身也有力了，感冒也就神奇般地好了。

六、傣族——“姑娘茶”

傣族，主要聚居在云南省西南部的西双版纳傣族自治州、德宏傣族景颇族自治州，以及耿马、孟连、新平、元江等少数民族自治县。傣族的姑娘喜欢穿窄袖短衣和筒裙，前后衣襟刚好齐腰，紧紧裹住身子，再用一根银腰带系着短袖衫和筒裙口，下着长至脚踝的筒裙，腰身纤巧细小，下摆宽大。这种装束，充分展示了女性的胸、腰、臀“三围”之美，加上所采用的布料轻柔，色彩鲜艳明快，无论走路或做事，都给人一种婀娜多姿、潇洒飘逸的感觉。

傣族的“竹筒香茶”又被称为“姑娘茶”，用傣语叫做“腊跺”，外形呈圆柱状，直径3～8cm，长8～12cm，柱体香气馥郁，具有竹香、糯米香、茶香三香一体的特殊风味，滋味鲜爽回甘，汤色黄绿清澈，叶底肥嫩黄亮。“姑娘茶”曾被列为傣族“土司贡茶”中的极品。

西双版纳地区，嫩竹子、芭蕉叶等随处可见，生活在此的少数民族同胞在田间劳作之余，就会因地制宜地制作茶饮。竹筒香茶（“姑娘茶”）的制作方法甚为奇特，总结起来大体有两种：青竹茶和竹筒茶。

（一）青竹茶

采摘细嫩的一芽二、三叶鲜叶，经铁锅杀青、揉捻，之后装入口径约为6cm、长约25cm的嫩甜竹筒内，一边装一边用香樟或橄榄树做成的木棒将竹筒内的茶叶舂压紧实，装满，用甜竹叶或草纸封住竹筒口；然后放在离炭火约40cm的三脚架上，以文火慢慢烘烤，每隔4～5min转动一次，让竹香与茶香交融；待闻到阵阵香味、竹筒由青绿变焦黄时，将竹筒取出冷却，用刀剖开，取出呈圆柱形的茶柱筒，竹香茶即制成。用此法制成的竹筒香茶，既有茶叶的醇厚茶香，又有浓郁的甜竹清香。

（二）竹筒茶

将晒干的春茶放入小饭甑里，甑子底放置一层用水浸透的糯米，甑心垫一

图 9.12　竹筒茶

块纱布，放上春茶，下面用火蒸 15 分钟，待茶叶软化充分吸收糯米香气后取出茶叶，装入准备好的竹筒内。用这种方法制出的竹筒香茶，既有茶香，又有甜竹的清香和糯米香。竹筒香茶耐贮藏，用牛皮纸包好，放在干燥处，品质常年不变。

傣族同胞外出劳作时，往往将竹筒香茶随身携带，感觉口渴便用甜竹盛满泉水，在煮沸过程中放入竹筒香茶，当竹筒温度降低后，进行品饮。

七、白族——“三道茶”

白族是中国西南边陲古老的土著民族之一，早在新石器时期就在洱海地区创造出了发达的水稻文化。白族有着独特的服饰文化和“三房一照壁，四合五天井”的民居建筑风格，更有着别具一格的茶饮文化。

白族的“三道茶”在白语为“绍道兆”，最早见载于徐霞客所著的《滇游日记》。白族大凡在逢年过节、生辰寿诞、男婚女嫁、拜师学艺等喜庆日子里，或是在亲朋宾客来访之际，都会以“一苦、二甜、三回味”的“三道茶”款待。

宾客上门，主人一边与客人促膝谈心，一边吩咐家人忙着架火烧水。待水沸开，就由家中或族中最有威望的长辈亲自司茶。制作“三道茶”时，每道茶的制作方法和所用原料都是不一样的。

第一道茶，称之为“清苦之茶”，寓意“要立业，先要吃苦”。先将水烧开，由司茶者将一只小砂罐置于文火上烘烤，待罐烤热后，随即取适量茶叶放入罐内，并不停地转动砂罐，使茶叶受热均匀，待罐内茶叶“啪啪”作响，叶色转黄，发出焦糖香时，立即注入烧沸的开水；少顷，主人将沸腾的茶水倾入茶盅，再用双手举盅献给客人。由于这种茶经烘烤、煮沸而成，因此，看上去色如琥珀，闻起来焦香扑鼻，喝下去滋味苦涩，故而谓之“苦茶”，通常只有半杯，客人一饮而尽。

第二道茶，称之为“甜茶”。当客人喝完第一道茶后，主人重新用小砂罐置茶、烤茶、煮茶，与此同时，还得在茶盅内放入少许红糖、乳扇、桂皮等，待煮好的茶汤倾入八分满为止。

第三道茶，称“回味茶”。其煮茶方法虽然相同，只是茶盅中放的原料已换成适量蜂蜜，少许炒米花，若干粒花椒，一撮核桃仁，茶容量通常为六七分满。饮第三道茶时，一般是一边晃动茶盅，使茶汤和佐料均匀混合，一边口中“呼呼”作响，趁热饮下。这杯茶，集“甜、酸、苦、辣”，各味俱全，回味无穷。它告诫人们，凡事要多“回味”，牢记“先苦后甜”的道理。

八、德昂族——酸茶与腌茶

德昂族居住分散，善于种茶，有“古老茶农”之称，是云南土著民族之一。在德昂语中，茶叶被称呼为“ja ju”。“ja”指称父亲的母亲（即祖母）和母亲的母亲（即外祖母），“ju”意为眼睛亮了，体现出德昂族的亲属制度和生命健康的丰富含义。德昂族以茶树作为图腾来崇拜，视茶树为自己的保护神和始祖神。德昂族经典的茶图腾古歌《达古达楞格莱标》描述的就是遥远的古代德昂族与茶树生生不息的关联。

德昂人男男女女都好喝茶，在德昂族的生活里，有“早上一盅，一天威风；中午一盅，干活轻松；下午一盅，提神去痛；一日三盅，雷打不动”的说法。

（一）酸茶

德昂族最具特色的茶饮，史书称之为“谷（或作沽）茶”。德昂人把采摘来的新鲜茶叶，放入竹筒里压紧，密封竹筒口，使之糖化后用。这类酸茶不必煎饮，而是从竹筒里取出放入口里咀嚼即可，茶味酸苦略甜。在气候炎热的地区嚼上几口，有提神解乏之功效。还有一种用竹叶和竹篾将拌了发酵粉的鲜叶包成茶包，放在箩筐中，压紧，发酵半年制成的酸茶。食用时可加入辣椒、洋葱等拌着吃。但绝大部分酸茶是晒干，贮藏，留待以后食用。其中一部分晒干的酸茶舂细微湿后用两块木板紧压成薄片，晒干后切成小块，既可放入水杯或碗中泡水喝，又可嚼着吃。晒干的散酸茶多用于烤茶或直接放入杯中冲入开水泡着喝。

（二）腌茶

腌茶是德昂族的特色佳肴，制作方法也极其生态，即将采回的鲜嫩茶叶洗净，将水沥干，以盐巴、辣椒等佐料拌匀后，放入陶缸内压紧盖严，存放几个月后，即成为“腌茶”，取出当菜食用，也可作零食。

九、哈尼族——“土锅茶”

哈尼族称茶叶为“老泼”。哈尼族是最早发现、驯化培植、饮用茶的民族之一。在哈尼族聚居的滇南地区发现了大量树龄达到上千年的古茶树群落，甚至有的古茶树树龄接近3000年。在哈尼族聚居的红河、李仙江、澜沧江流域的哀牢山与无量山地区是中国乃至世界上古茶树最为集中的地方。

在哈尼族长篇创世古歌《窝果策尼果》的歌里唱道：“今晚的火塘凑足了九山的栗柴，红红的火光把蘑菇房照亮。茶壶冒出大股热气，像雾露绕着山岗。”这部长达数万行的哈尼族创世古歌就是在火塘边煮茶饮茶代代口耳相传下来的。在墨江哈尼族自治县的哈尼族卡多支系中流传着这么一句话：“不会饮用茶水的卡多人不是一个真正的卡多人”。

哈尼族支系爱尼人称“土锅茶”为“绘兰老泼”，这是一种古老而方便的饮茶方法。有客人来时，主妇就会用土锅把水烧开，随即将适量的茶叶投入沸水中，煮沸3~5分钟，待茶水煮好后，将其倒入竹制的茶盅内，敬奉给客人。平日里，哈尼族同胞在劳动之余，也喜欢一家人围着土锅喝喝茶水、叙叙家常，尽显天伦之乐。土锅茶，茶香味浓，茶劲很足。

许多哈尼人家都用“土办法”制茶，其制作方式为：将采回的一芽两叶鲜叶摊放在筲箕内一小时左右，然后将茶叶投进烧得通红的铁锅中杀青，过程中不停地翻炒搅拌，同时渐渐减弱火势，杀青后把茶叶放回筲箕中，用手不停地搓揉，揉捻结束后又放回锅中，用微火把茶叶烘干，这样就制成了上好的哈尼茶。哈尼茶的茶水鲜绿透澈，清香四溢。

十、布朗族的茶俗多种多样

布朗族，云南最古老的土著民族之一，是最擅长种茶树的民族。布朗山茶叶的汤色金黄透亮，苦涩味重，回甘好，生津强，呈蜜香，祛油腻。

布朗人祭火神、请佛爷念经时，祭品中须有竹笋和茶；办婚事时，用茶叶作礼品；男青年向女青年求婚时，会请一位长者带着茶叶和烟去女方家提亲。所以在布朗族人居住的屋前屋后，总能见到茶树和竹子。布朗族人不仅擅于制作竹筒烤茶和酸茶，而且有吃酸茶、喃咪茶和饮青竹茶、土罐茶的传统习俗。

（一）竹筒烤茶

每年4、5月份，布朗族妇女将采回的嫩芽尖茶放进锅里炒干，趁热将其装入带盖的竹筒中，放在火塘边烘烤，待竹筒的表皮烤成焦状时，喷香可口的竹筒烤茶就制成了。竹筒烤茶是布朗族人待客的上品。

（二）酸茶

采摘夏秋茶一芽三四叶较嫩的对夹叶、单片叶，蒸或煮熟后，放在通风、干燥处七天至十天，使之自然发酵，再装入较粗长的竹筒内，压实、封口后埋入房前屋后的地下干燥处，以土盖实，埋一个月后即可取出食用。布朗族吃酸茶的习俗非常古朴，一般早、晚各吃一次。在家中燃起火塘，焖上一锅饭，烧上一些辣椒，男女老少围坐在一起。开饭时，便从竹筒中取出酸茶，放入口中，慢慢咀嚼。这种酸茶具有解渴、提神、健身和消除疲劳等功效，是一种美食与保健并存的食品。

（三）喃咪茶

喃咪茶是一种蘸喃咪吃的茶，在勐海县打洛等地的布朗族人以其为菜。他们将新发的一芽二叶茶树嫩梢采下，放入开水中稍烫片刻，以减少苦涩味，再蘸喃咪吃。有的不用开水烫，直接将新鲜茶叶蘸喃咪佐餐。

（四）青竹茶

青竹茶是既简单、实用，又贴近生活的一种饮茶方式，布朗族人常在离开村寨、进山务农或狩猎时饮用。首先砍一节鲜竹筒，一端削尖，盛上洁净泉水，斜插入地，当作烧水器皿；其次再找根略细些的竹子，做成几个可盛水的小竹筒作茶杯，底部也削成尖状，方便插入土中；然后在竹筒周围点燃一些枯枝落叶，将竹筒内的水煮沸；与此同时，采些嫩茶枝，用竹夹钳住，在火上翻动烤焙，去其青草味，焙出青香；待烤到茶枝柔软，用手将茶叶搓出茶汁，随即将香软多汁的茶叶放进竹筒内煮 3 分钟左右，一筒青竹茶便煮好了；最后将竹筒内的茶汤分别倒入竹茶杯中，人手一杯，饮之解乏。青竹茶将泉水的甘甜，竹子的清香，茶叶的浓醇，融为一体，滋味既浓醇又爽口。

（五）土罐茶

土罐茶是将晒青毛茶放入小土罐中，在火塘边慢慢烘烤，同时不停地抖动，使茶叶均匀受热，待罐内茶叶散发出阵阵香味时，注入开水，稍煮片刻即可。

第十篇

舌尖上的普洱茶——尽享味之律动

普洱茶物质成分丰富多样，条分缕析讲解普洱茶化学。

普洱茶化学主要包括普洱茶原料化学物质、加工化学物质、贮藏化学物质及功能化学物质。学习普洱茶化学，可以进一步深入了解普洱茶的基本品质成分及其品质的形成机理。

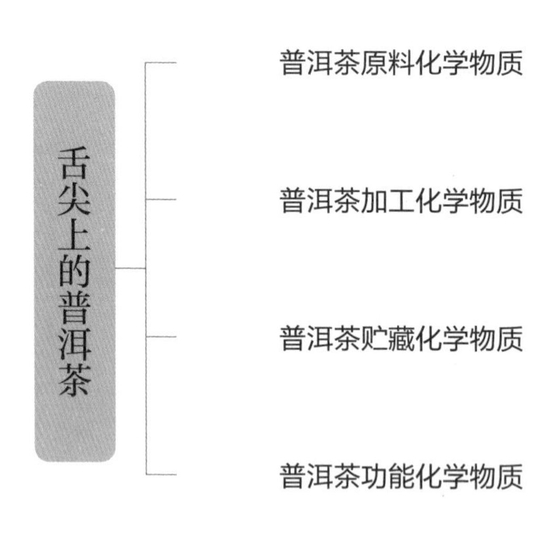

一、普洱茶原料化学物质

茶的鲜叶中含有75%~80%的水分，干物质含量为20%~25%。干物质中包含了成百上千种化合物，大致可分为蛋白质、茶多酚、生物碱、茶氨酸、碳水化合物、矿物质、维生素、色素、脂肪和芳香物质等。其中，健康功能最重要、含量也很高的成分是茶多酚。是否同时含有茶多酚、茶氨酸、咖啡碱这三种成分是鉴别茶叶真假的重要化学指标（表10-1、表10-2）。

表10-1　茶鲜叶化学成分

分类		名称	占鲜叶种（%）	占干物质重（%）
水分			75～80	
干物质	无机化合物（矿物质）	水溶性		2～4
		水不溶		1.5～3.0
	有机化合物	蛋白质		20～30
		氨基酸		1～4
		生物碱		3～5
		茶多酚		20～35
		糖类		20～25
		有机酸		≤3%
		类脂类		4～7

表10-2　茶叶的化学成分及干物质中的含量

成分	含量（%）	组成
蛋白质	20～30	谷蛋白、球蛋白、精蛋白、白蛋白
氨基酸	1～4	茶氨酸、天冬氨酸、精氨酸、谷氨酸、丙氨酸、苯丙氨酸等
生物碱	3～5	咖啡碱、茶碱、可可碱等
茶多酚	20～35	儿茶素类、黄酮类、酚酸类、花色素类等
碳水化合物	20～25	葡萄糖、果糖、蔗糖、麦芽糖、淀粉、纤维素、果胶等
类脂类化合物	4～7	磷脂、硫脂、糖脂等类脂类

续表

成分	含量（%）	组成
有机酸	≤3	没食子酸、奎尼酸、琥珀酸、苹果酸、柠檬酸、亚油酸、棕榈酸等
矿物质	3.5～7	钾、磷、钙、镁、铁、锰、硒、铝、铜、硫、氟等
脂溶性色素	≤1	叶绿素、类胡萝卜素、叶黄素等
维生素	0.6～1.0	维生素A、B_1、B_2、C、P、叶酸等

茶叶中的蛋白质约有2%溶于水，其中较易溶于水的为白蛋白，约有40%左右的白蛋白能溶于茶汤中，增进茶汤滋味品质。茶鲜叶的部分蛋白质以各种生物活性酶的方式存在，它们在茶叶加工过程中参与茶叶成分的酶催化转化，这对于红茶、乌龙茶等各类茶的独特品质特征的形成具有重要意义。

茶多酚（又称茶单宁）是茶叶中30多种酚类化合物的总称，包括儿茶素类、黄酮及黄酮醇类、酚酸及缩酚酸类、花色素类等四大类，其主体物质为儿茶素类，占总量的70%左右。大叶种茶树茶多酚的含量要高于小叶种茶树。

茶叶中的生物碱类，主要有咖啡碱、可可碱和茶碱三种嘌呤碱。咖啡碱含量最高，占2.5%~5.5%，而泡茶时有80%的咖啡碱可溶于水中，是主要的苦味成分之一。咖啡碱也有多种生理活性，其兴奋作用是茶叶成为嗜好品的主要原因。

目前已从茶叶中发现的氨基酸超过26种，包括多种人体必需氨基酸。茶叶的氨基酸中，茶氨酸的含量最高，占氨基酸总量的一半以上，其次为精氨酸、天冬氨酸、谷氨酸。茶树的嫩叶中氨基酸的含量高于老叶中的含量。云南茶树处于高原地区，氨基酸含量较高。

茶叶中的碳水化合物能溶于水的部分不多，只有1%~4%，其中包括单糖（如葡萄糖、果糖、核糖、木糖、阿拉伯糖、半乳糖、甘露糖）和双糖（如蔗糖、麦芽糖、乳糖）。大部分为不溶于水的多糖，如纤维素、木质素等，还有杂多糖的果胶等。粗老叶中糖类含量较高。

茶叶中有约30多种矿物质。主要成分是钾，约占矿物质总量的50%，磷约占15%。在嫩叶中，钾、磷的含量较高，老叶中钙、锰、铝、铁、氟的含量较高。与其他植物相比，茶树中钾、氟、铝等含量较高。

茶叶中含多种人体必需的维生素。主要包括维生素C、维生素E，其余还有维生素A、B_1、B_2、C、P等。维生素B_1、B_2、C、P等为水溶性维生素，可直接通过饮茶补充人体需要。

茶叶中的类脂类包括磷脂、硫脂、糖脂、甘油三酯等，茶叶中的脂肪酸主要是油酸、亚油酸和亚麻油酸，都是人体必需的脂肪酸，是脑磷脂与卵磷脂的

表 10-3 普洱茶营养成分

一般营养成分 g/100g		维生素含量 mg/100g		无机元素含量 mg/100g		氨基酸含量 %	
粗蛋白质	33.5	胡萝卜素	5099	钾	2115	氨基酸总量	1.34
粗脂肪	0.5	维生素 C	17	钠	384	必需氨基酸总量	0.37
灰分	6.6	维生素 E	13.59	钙	22.4	亮氨酸	★★
膳食纤维	21.8	尼克酸	3.6	铁	235	赖氨酸	★★

重要组成部分。

此外茶叶中还有香气成分。鲜叶中香气成分较少，只有 60 多种挥发性物质，大部分香气前体以糖苷的形式存在。在茶叶加工中，香气前体糖苷分解，成为挥发性物质，即生成香气。

鲜叶中的色素主要为脂溶性色素，包括叶绿素、叶黄素、类胡萝卜素等，其中叶绿素为主要色素。

二、普洱茶加工化学物质

普洱茶是茶叶大家族中古老而又新颖的珍品，以云南大叶晒青茶为原料经不同工艺加工而成。普洱茶分两种：一种是鲜茶叶加工后没有经过发酵，即为晒青毛茶压制成饼的生茶；另一种是以晒青毛茶为原料，经过“渥堆”、热蒸等程序制成的熟茶。

关于普洱茶加工过程中品质化学的研究早在 20 世纪 60 年代就已开始，许多学者对其化学成分及其在加工过程中的变化规律与其品质的关系做了研究。影响普洱茶品质的主要化学物质为多酚类物质、糖类物质、含氮化合物、芳香化合物、水浸出物、生理活性物质等。普洱茶原料，通过筛分、拣剔，干燥，检验合格后，即可付制。普洱茶加工过程中物质含量的变化对于普洱茶品质具有较大影响。例如在普洱茶中若灰分含量较多就会影响普洱茶的清澈度，茶多酚的含量决定普洱茶的浓醇度等。

图 10.1 晒青茶加工

图 10.2 普洱熟茶加工

（一）普洱茶加工过程中多酚类物质的变化

多酚类物质是茶叶中的重要活性物质，与茶的汤色、滋味和香气都有密切的关系，是形成普洱茶品质的重要物质。因此，在加工过程中多酚类物质的变化及其在成品中的含量对普洱茶的品质有重要的作用。这使茶汤中的收敛性和苦涩味明显降低。

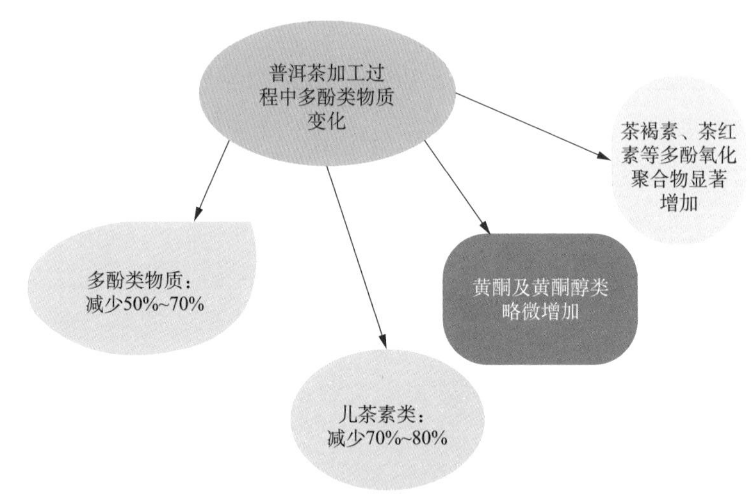

图 10.3 普洱茶加工过程中多酚类物质含量的变化

（二）普洱茶加工过程中糖类物质的变化

茶叶中约含有 20% ~ 25% 的糖类化合物。它们存在的种类、含量多少与品质关系密切。茶叶中的糖类物质主要有单糖、双糖及多糖类物质。多糖类物质，主要有纤维素、半纤维素、淀粉和果胶物质等。部分难溶性糖经微生物胞外酶作用，在加工过程中降解为可溶性碳水化合物，增加茶汤滋味，使普洱茶口感醇滑、黏稠度好。糖类具有的甜味，对苦、涩味有协调和抑制作用，这对普洱茶风味的形成具有重要作用。

表 10-4 普洱茶加工过程中糖类物质含量的变化

糖类物质	含量变化
纤维素	降低、降解，成为可溶性的碳水化合物
淀粉	降低、水解（成为单糖、双糖使茶叶滋味甜醇）
果胶	降低、分解（在微生物果胶酶作用下分解降解为可溶性碳水化合物）

（三）普洱茶加工过程中含氮物质的变化

含氮化合物中氨基酸的变化对普洱茶的品质影响较大：一是增进茶汤滋味；二是氨基酸与糖类物质发生羰氨反应，形成褐色物质，有助于普洱茶外观色泽的改善。普洱茶滋味品质的形成，主要是呈味物质的氧化降解以及部分聚合作用，把原为刺激性、收敛性强的含碳和含氮化合物，改变成为醇和可口的物质，使鲜叶中含涩、苦、木质味以及粗青味的物质，能转变为浓纯物质，形成普洱茶特有的滋味。

表 10-5　普洱茶加工过程中含氮化合物与其品质关系

普洱茶加工过程中含氮化合物	与普洱茶的品质关系
咖啡碱等嘌呤碱	苦味物质；与各种滋味相协调，丰富和改进普洱茶风味。熟茶发酵过程中略微增加
茶氨酸等氨基酸	增进茶汤滋味，与多酚类混合增进茶叶的鲜爽味，与多酚类、糖类起反应而生成褐色色素，改善普洱茶外观色泽。熟茶发酵过程中显著减少

（四）普洱茶加工过程中芳香物质的变化

茶叶中的香气是来自于茶叶本身内部香气物质，当其某些特殊香气物质处于优势状态，则显现相应的特殊香气。普洱生茶的芳香成分主要为芳樟醇类及其氧化物；普洱熟茶的香气成分则主要为多甲氧基苯类化合物。普洱茶的香气是普洱茶的原料品种和加工工艺所致，与我们所栽培的茶树周边生长着什么样的香气植物没有关系。

（五）普洱茶加工过程中水浸出物的变化

茶叶中水浸出物是指能被热水浸泡出的物质，是茶汤的主要呈味物质。水浸出物含量的高低反映了茶叶中可溶性物质的多少，标志着茶汤的厚薄、滋味的浓强程度，从而在一定程度上还反映茶叶品质的优劣。依据水浸出物的含量与感官审评的结果，水浸出物大于 30% 时，普洱茶口感较好，质量较佳。对于普洱茶来说，由于其独特的加工工艺，从而形成了独特的风格。普洱熟茶属于后发酵茶，在发酵过程中有大量的可溶性糖与可溶性果胶及其水解物产生，从而提升茶汤的滋味与口感。

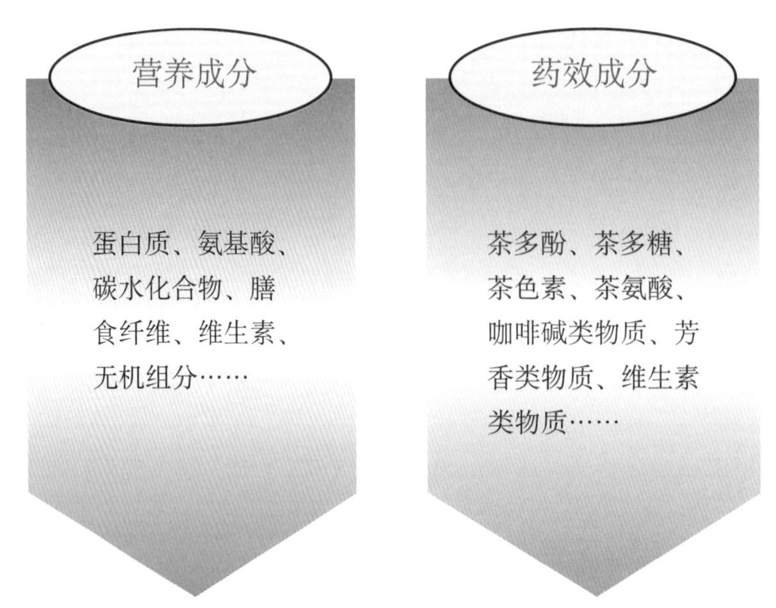

图 10.4　普洱茶加工过程中生理活性物质

（六）普洱茶加工过程中生理活性成分的变化

普洱茶中生理活性成分包括茶多酚、氨基酸、生物碱等小分子化合物和茶多糖、茶褐素等大分子化合物。普洱茶加工过程中，小分子多酚、氨基酸类显著减少，生物碱略微增加，而水溶性茶褐素等多酚氧化聚合物显著增加。目前的许多研究认为，普洱茶具有降低血脂与胆固醇、抗动脉硬化、抗氧化作用、减肥、抑菌、助消化、暖胃、生津、止渴、醒酒、解毒等多种功效。在普洱茶中，决定这些生理功能的有效成分究竟是什么样的物质，目前还不清楚。这些具有生理功能的活性成分可能来自茶叶本身，也可能来自微生物所产生的次级代谢物及茶中成分经过生物转化后的产物，也可能来自是微生物代谢分泌物与茶叶中的成分之间发生结合反应形成的新物质。

（七）普洱茶加工过程中微生物与普洱茶品质的关系

普洱茶品质由普洱茶表现出的陈香、醇、甘、滑等品质特点与发酵过程中的优势菌种的作用是分不开的。普洱茶中的微生物主要有黑曲霉、根霉、乳酸菌及酵母等，其中黑曲霉最多，它能产生葡萄糖淀粉酶、果胶酶、纤维素酶等。酵母菌除它本身含有丰富的营养物质及生理活性物质以外，还能代谢生成维生素等物质。在渥堆过程中，微生物湿热作用使大分子纤维素、果胶等碳水化合物被分解成小分子的糖及可溶性糖，可溶性糖是构成黑茶汤滋味和黏稠度的重要物质，同时也是表现在感官上的所谓“甘”的物质。另茶叶中所含蛋白质占干物质量的20%~30%，经加工分解为多种氨基酸，赋予茶汤“醇”及新鲜口感。在普洱茶渥堆过程中，原果胶呈减少而水溶性果胶呈增加之势。渥堆过程中普洱茶与微生物之间微妙的关系，也证明了普洱茶品质的好坏与微生物紧密相连。

图 10.5　普洱茶贮藏

三、普洱茶贮藏化学物质

实践经验证明，普洱茶和其他茶类相比，特别耐贮藏。它的这种特性表现在经过一定时间的贮藏，其品质便得到提高（后熟作用），进而随着品质的提高，价值也就得到提升。好的普洱茶具有饮用性和收藏性双重功能，即普洱茶除了具有饮料的属性外，它还有收藏的价值。受“普洱茶越陈越香”观念的影响，许多喜爱普洱茶的人开始收藏普洱茶，并希望若干年后，品质得以提高，作为商品便可以升值，或作为个人消费便可以享受陈年普洱的独特陈韵。普洱茶养胃、清热、降血脂及软化动脉等功效已被医学界所证实，其可饮可藏的特性符合现代人追求健康和追求文化品位的需求，普洱茶消费人群也会随之增加。然而优质普洱茶的产量远远满足不了市场的需求，经过长期的饮用消耗，能够存留到一定年限的普洱茶更是稀少，因此存放越久品质越优良的普洱茶价值越高。究竟普洱茶在长时间的贮藏过程中会发生哪些变化，这些变化对茶叶品质有何作用，需要深入探讨。但可以确定的是普洱茶晒青原料经过蒸压形成的普洱生茶和经过独特的微生物固态发酵制成的普洱茶熟茶，具有耐贮藏的独特性，在一定的条件下可长期保存，并且在一定的期限内具有“越陈越香”的特点。

1. 茶多酚

普洱茶中含有许多易氧化物质，特别是多酚类物质。经短期的贮藏实验表明，普洱茶生茶在贮藏过程中，茶多酚在前3个月逐渐降低，在第4个月是略有增加，之后快速下降。普洱茶熟茶中的茶多酚含量变化幅度小，总体呈下降趋势。不论是生茶还是熟茶，贮藏到第8个月茶多酚含量降低幅度最大。茶多酚的变化，一方面可能是由于残存的一些氧化酶（如多酚氧化酶）会加快残余儿茶素及黄酮类物质的再次氧化聚合；另一方面，可溶性茶多酚还会经自动氧化聚合成高分子物质，贮藏时间越长，氧化聚合程度越深，茶多酚下降幅度就越大。此外，也可能存在茶叶中水不溶性茶多酚（主要是指与蛋白质结合的那部分茶多酚）在贮藏过程中被转化为可溶性茶多酚的情况。

2. 儿茶素

以儿茶素为主的黄烷醇类化合物占茶多酚总量的60%~80%，儿茶素含量最高的几种组分为表没食子儿茶素酸酯（EGCG）、表没食子儿茶素（EGC）、表儿茶素没食子酸酯（ECG）、表儿茶素（EC）、没食子儿茶素（GC）、儿茶素（C）。普洱生茶中含有较高的儿茶素类物质，在常温（23℃）和35℃条件下贮藏，儿茶素含量有下降的趋势，在23℃和35℃条件下贮藏至8个月时，儿茶素含量与贮藏1个月、2个月、3个月、7个月时的儿茶素含量之间的差异性达到极显著水平（P<0.01）。在35℃条件下贮藏较23℃条件下贮藏变化更快，说明贮藏温度对儿茶素影响较大，高温可加速儿茶素氧化。在23℃条件下贮藏，没食子酸、表没食子儿茶素、表儿茶素含量在贮藏过程中有所上升，表没食子儿茶素酸酯和单体总量呈下降趋势。而在35℃条件下，没食子酸有所上升，儿茶素、表没食子儿茶素、表没食子儿茶素

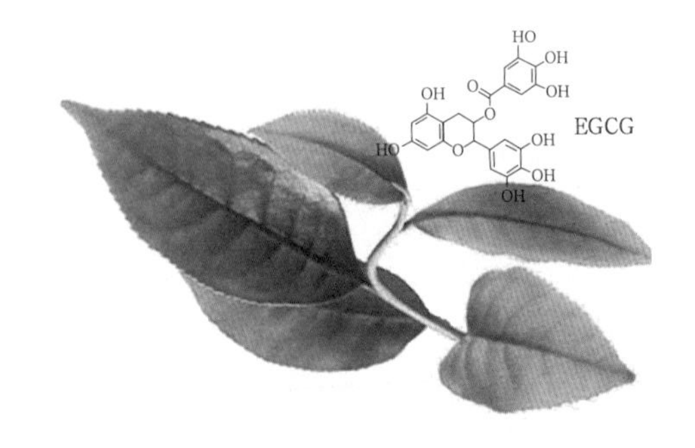

图10.6 EGCG

酸酯、表儿茶素、表儿茶素没食子酸酯及单体总量下降。

3. 氨基酸

氨基酸不但是茶汤滋味的重要物质之一，而且也对茶汤色泽有较明显的影响，它的含量与茶叶品质呈显著正相关。在整个贮藏过程中，氨基酸的变化呈波动性，一方面可能与可溶性蛋白的分解有关；另一方面可能又与氨基酸的氧化降解以及与其他物质聚合成不溶性物质有关。

长时间的贮藏实验表明，储藏 3 年以上的普洱茶，其氨基酸含量已相当低，仅为当年产普洱茶的 20%~40%。其中丝氨酸、甘氨酸、异亮氨酸、亮氨酸、组氨酸、色氨酸未检出。在 3~8 年的储藏年限中，仅有缬氨酸、苯丙氨酸、赖氨酸、精氨酸、脯氨酸一直存在，但含量变化高低起伏，呈波浪形曲折，各组分变化趋势大致相同，而精氨酸在普洱茶氨基酸成分中仍然含量最高，其含量占总量的 34.2%~50.9%。说明普洱茶是一种有生命力的茶品，其在存放过程中各种不确定因素（水、气、湿、热等）造成了普洱茶品质不断地发生变化。实验发现贮藏过程中氨基酸变化呈波浪形曲线，贮藏后氨基酸总量明显下降，其组成及比例也发生了明显的变化。其降解的主要影响因素及降解机理和产物尚待于进一步研究。

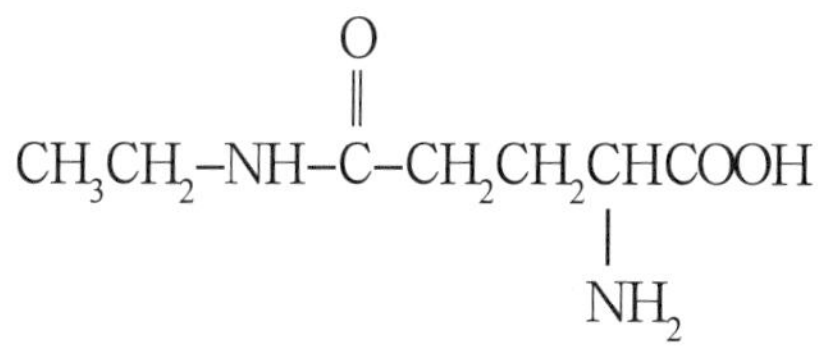

$$CH_3CH_2\text{–}NH\text{–}\overset{\overset{\displaystyle O}{\|}}{C}\text{–}CH_2CH_2\underset{\underset{\displaystyle NH_2}{|}}{CH}COOH$$

图 10.7　茶氨酸

4. 糖类物质

糖类物质对普洱茶品质有重要的影响。可溶性糖的存在和转化，对茶叶的汤色和滋味有直接的影响，并且还间接影响到茶叶的香气，是形成茶汤甜醇味的主要物质。普洱生茶在 23℃条件下贮藏到 8 个月时总糖含量与其他贮藏时间下的总糖含量之间的差异极显著（$P<0.01$），而在 35℃条件下贮藏到 8 个月时，总糖含量与除了第 7 个月的其他贮藏时间下的总糖含量之间的差异极显著（$P<0.01$）；普洱熟茶在 23℃条件下贮藏到 8 个月时，总糖含量与贮藏前 4 个月总糖含量之间的差异极显著（$P<0.01$），普洱熟茶在 35℃条件下贮藏到 8 个月时，总糖含量与其他贮藏时间下的总糖含量之间的差异极显著（$P<0.01$）。这可能是由于随着贮藏时间的延长，热化学作用使茶叶内源物质发生改变，也可能是因为在此温度下微生物的活动，分泌各种水解酶，使各种高分子不溶性物质如纤维素等分解成小分子可溶性物质，如果胶等，从而提高了茶汤中可溶性总糖含量。

图 10.8　茶多糖

5. 蛋白质

短期贮藏实验表明，无论普洱生茶还是普洱熟茶，随贮藏时间的延长，可溶性蛋白质的含量均增加。普洱茶生茶在贮藏前 4 个月中，蛋白质含量增加，从贮藏前 2.93% 增加到 3.7% 以上；普洱熟茶在 35℃条件下贮藏，变化趋势和普洱茶生茶相似，表现为在贮藏前期 4 个月内含量上升，后期减少。

6. 普洱茶生茶在贮藏过程中芳香物质的变化

茶叶香气是决定茶叶品质的重要因子，茶叶中芳香物质是多种物质组合的混合体。它们各具不同的气味：有的具有青草气，有的表现出鲜花香，有的在高温下呈难闻的气味，而在稀释浓度下呈愉快的香味。取普洱茶生茶贮藏前茶样、贮藏 3 个月、8 个月的茶样分析香气组成成分，结果显示主要的香气成分为具有百合花香或玉兰花香的芳樟醇、棕榈酸（十六烷酸）、十八碳二烯酸、十八碳三烯 -1- 醇，其次为植醇、α - 松油醇、香叶醇、橙花醇及其衍生物等，具有清香的苯酚含量也较高。贮藏实验表明，无论贮藏温度高低，有 28 种香气物质在贮藏 8 个月后未能检测到，但也检测出 15 种贮藏前没有检测出的香气物质。这些香气物质有具紫罗兰香的 β - 紫罗兰酮环氧化物、具有茉莉花香的茉莉酮、邻苯二甲酸二辛酯、苯酚衍生物等。对于普洱生茶而言，在 35℃以下贮藏有利于提高普洱茶生茶的香气品质。

7. 普洱熟茶贮藏过程中香气成分的变化

普洱熟茶在贮藏过程中，香气成分的变化很大。在短期（3 个月）贮藏过程中，有大量芳香族类化合物形成，如：4- 乙基 -1,2- 二甲氧基苯、1,2,3- 三甲氧基苯、1,2,4- 三甲氧基苯、邻苯二甲酸丁酯、邻苯二甲酸二异丁酯。但贮藏 3 个月以后，许多香味物质含量下降，甚至检测不到，如芳樟醇氧化物、1,2,3- 三甲氧基苯、1,2,4- 三甲氧基苯等。持续增加的香气物质则有橙花醇、5,6,7,7A- 四氢 -4,4,7A- 三甲基 -2（4H）- 苯并吡喃、α - 柏木醇、十四烷酸、邻苯二甲酸二异丁酯、棕榈酸（十八烷酸）、邻苯二甲酸二辛酯及二十一烷等。具有油臭味和粗老气的 1- 戊烯 -3- 醇和 2, 4- 庚二烯醛在贮藏 3 个月后消失了。

香气是评价普洱茶品质的重要指标。在短期贮藏实验中，普洱茶生茶和熟茶在贮藏过程中共检测出 70 多种香气成

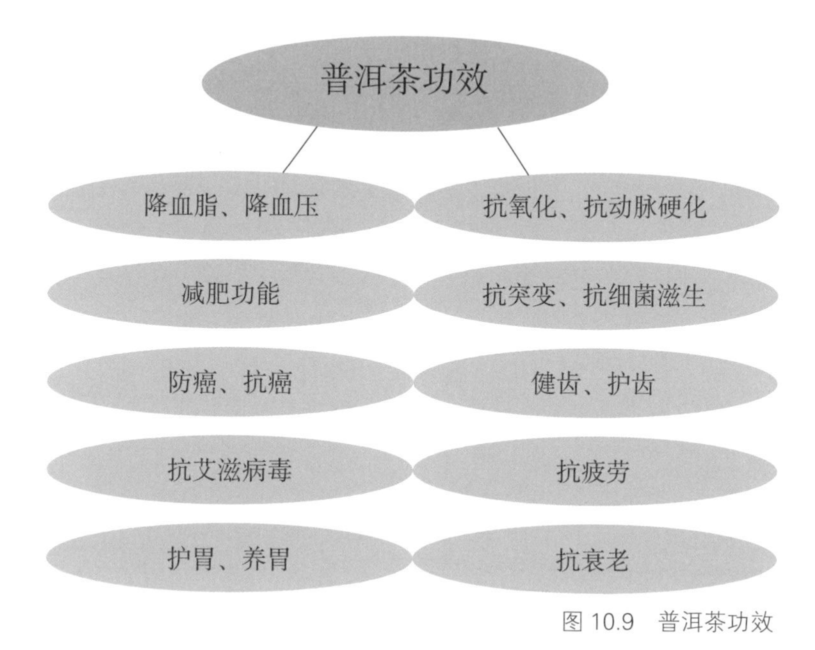

图 10.9 普洱茶功效

分，其中 21 个组分在不同温度条件下贮藏的普洱茶生茶和熟茶中均有检出；在贮藏过程中，香气成分变化很大：有些香气成分在贮藏前未检出，而在贮藏过程中检测出；而有些成分则是贮藏前和贮藏过程中都有检出。不过，在短期贮藏过程中，甲氧基及其衍生物的含量变化较小。让普洱熟茶“愈陈愈香”可能需要更长的贮藏时间，同时又需要考虑贮藏温度、湿度、通风以及贮藏环境条件。

四、普洱茶功能化学物质

多年来，普洱茶深受广大消费者的青睐，皆因普洱茶保健功效及其独特的风味。从普洱茶加工工艺来看，自然转化过程是非常关键的环节，发酵后的普洱茶压制成大小不同、形状各异的茶团，置于干燥处自然阴干。按运输要求入篓，运往目的地。云南地处祖国边疆，茶叶主要产区地处云南边陲，山高路远，交通极为不便，茶叶的外运全靠马帮，山路上耽搁的时间很长，茶在马背上长时间颠簸，风吹日晒加雨淋，使其内含物质缓慢转化，最终形成红浓明亮、陈香浓郁的独特品质。现代人工发酵更加快了这一转化速度，使普洱茶成分更丰富。目前已报道，普洱茶具有降血糖、降血脂、抗病毒及抗细菌活性等多种保健功能，其中普洱茶的降血糖、降血脂功效最受关注。动物实验证实，普洱茶能有效地降低小鼠血浆中的甘油三酯（TG）及体内总胆固醇（TC）的含量，可以在增加 HDL-C 的含量的同时，降低 LDL-C 的含量，从而有效抑制小鼠血脂的升高，起到降血脂的作用。究竟是哪些化学物质起到这些功能呢？请见下表所列示。

表 10-6　普洱茶功能物质与主要功效

功能成分	组成	功效
茶多酚	黄烷醇类、花色苷类、黄酮类、黄酮醇类、酚酸类等	抗氧化、抗辐射、抗菌消炎、抗病毒、抗癌、抗突变、降血糖、降血脂、预防肝脏及冠状动脉粥样硬化、清除自由基等
茶色素	茶黄素、茶红素、茶褐素	调节血脂作用、抗氧化作用、抗肿瘤作用、对心脑血管疾病的药理作用
茶多糖	半乳糖、阿拉伯糖、甘露糖、葡萄糖、木糖、鼠李糖	降低血糖血脂、增强免疫力、抗动脉粥样硬化、抗凝血、抗血栓、防辐射、耐缺氧等
生物碱	咖啡碱、可可碱、茶叶碱	兴奋中枢神经、消除疲劳、助消化、减弱酒精、烟碱、吗啡等有毒物质的毒害、增加肾脏血流量、利尿和强身等
氨基酸	茶氨酸、谷氨酸、精氨酸、天门冬氨酸等	抗抑郁、抗焦虑、松弛神经、镇静安神、增强免疫、增强记忆、保护肝肾、预防经前综合征、保护心脑血管等
黄酮类物质	黄酮类（槲皮素和芦丁）、黄酮醇或查尔酮、少量儿茶素	抗菌、抗病毒、抗过敏、抗衰老、抗肿瘤、祛痰止咳平喘、降血压、降血脂

第十一篇

妙普洱茶——举足轻重的微生物

普洱万象，香味色韵，普洱微观之物如繁星，探索求知，趣味盎然。

普洱茶作为云南省特有的后发酵茶，发酵工艺对普洱茶品质的形成发挥着极为重要的作用。普洱茶特有的品质特征与微生物固态发酵工艺有着密不可分的联系，不同发酵阶段的发酵微生物对普洱茶品质形成具有决定性的作用。

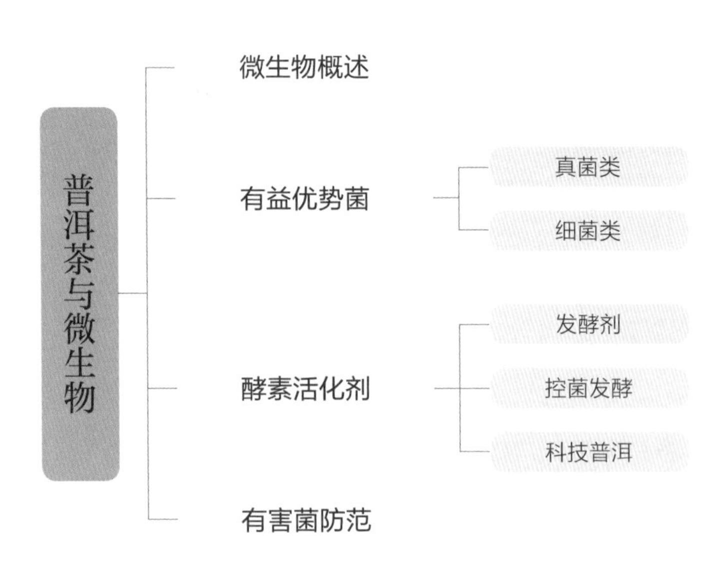

因为微生物神奇的作用，在普洱茶固态发酵过程中，真菌和细菌的协同作用，造就了让我们沉醉美妙的普洱茶。没有微生物，就没有普洱茶。在普洱茶品质形成中，扮演着重要角色的微生物包括：真菌大家族中的曲霉属、酵母属、根毛霉属、嗜热真菌属、德巴利酵母属和青霉属等，细菌大家族中的片球菌属、芽孢杆菌属、短状杆菌属、欧文氏菌属、特布尔西菌属和乳杆菌属等。

一、看不见的生命，创造了舌尖味蕾的奇美

众所周知，我们所处的环境（土壤、空气、水体）、人体内外（消化道、呼吸道、体表）以及动植物组织都存在大量肉眼看不见的微小生物，这类形体微小、单细胞或结构较为简单的多细胞、甚至没有细胞结构的生物统称为微生物，通常需要借助显微镜才能看清它们的形态和结构。

在农业生产中，微生物可分解有机残体，增加土壤有效养分。微生物与人类及畜禽的健康关系密切，如生活在动物肠道内的微生物，可合成维生素、氨基酸等，提供营养，产生抗生素。

在普洱茶固态发酵过程中，各种微生物间彼此消长，存在着竞争、互生和拮抗等多种生态关系，形成了以茶叶为基质的微生物群落。因为温度和湿度的影响，这一群落中有害微生物滋生被抑制，有益微生物却能大量生长和繁殖，从而使得普洱茶品质的形成趋向于向有利的方向发展。

普洱茶固态发酵过程中的微生物来源有三个方面：（1）晒青毛茶原有的；（2）固态发酵时空气、添加的水和地面中的微生物；（3）外源添加的有益微生物。

从某种意义上说，微生物是普洱茶品质形成的第一功臣，也是第一推动因素，可以说，没有微生物就没有普洱茶。一般认为，微生物产生柠檬酸等有机酸和多酚氧化酶、纤维素酶、果胶酶等多种胞外酶，促使茶叶成分转化，形成茶叶品质风味，同时微生物产生很多次级代谢产物，增加有益物质，形成普洱茶的风味品质并增强其保健功效。

微生物的生命活动与周围环境有密切的联系。在普洱茶的固态发酵过程中，影响微生物生长发育的因素包括水分、空气和温度。适宜的环境能够促进微生物的生长发育；不适宜的环境使得微生物的生长发育受到抑制。普洱茶固态发酵中的具体温度变化见图 11.3。

图 11.1 普洱茶在生产车间中的茶堆外观

图 11.2 普洱茶的渥堆过程

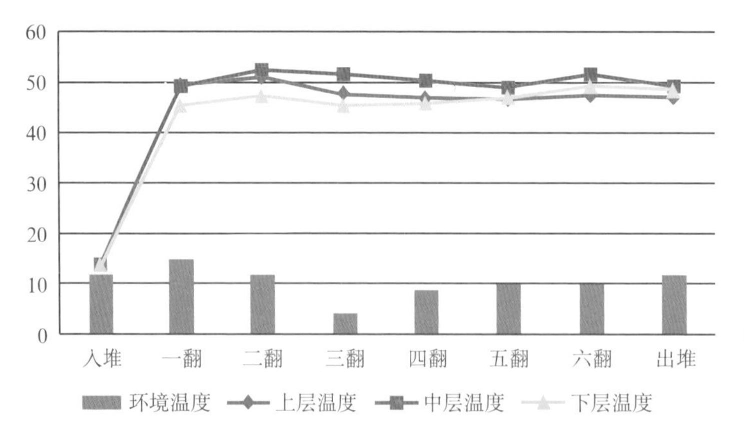

图 11.3 普洱茶固态发酵中的温度变化

二、有益优势菌——成就普洱茶的那香、那味、那色、那韵

在普洱茶的固态发酵过程中，微生物的菌种变化是极其复杂的，有的微生物自始至终对普洱茶品质形成发挥着积极的作用，有的微生物是在加工的某一阶段发挥着形成普洱茶独特风格的作用。黑曲霉、酵母、根霉等真菌和片球菌、欧文氏菌、芽孢杆菌等细菌参与了普洱茶品质的形成，是制约和影响普洱茶品质的重要菌种。发酵中有益优势菌能够成就普洱茶那香、那味、那色、那韵的转化形成。

（一）黑曲霉对普洱茶品质的作用

黑曲霉属于真菌这一大类，是世界公认的安全可食用菌。黑曲霉是普洱茶固态发酵过程中必不可少的优势真菌之一。研究发现，在发酵过程中，其数量总体上是先上升后下降的。在发酵的前期和中期，黑曲霉生长繁殖较快，在真菌总体中占比较大；在发酵后期，茶堆中温度较高，曲霉属真菌占比减少。所以，在普洱茶发酵的前中期，黑曲霉对普洱茶的品质成分转化和特点形成具有极其关键的意义。

黑曲霉依靠产生酶对普洱茶品质转化发生作用，葡萄糖淀粉酶催化了茶叶中的多糖转化为单糖，纤维素酶催化了天然纤维素降解为葡萄糖，果胶酶催化了不溶性果胶转化为可溶性果胶，这三种作用最终导致可溶性糖的增加，形成了普洱茶“陈香”与“陈韵”的基调。

黑曲霉能分泌酸性蛋白酶、糖苷酶、葡萄糖淀粉酶和乳酸酶等丰富的胞外酶类，使茶叶内含物更易渗出，从而实现大分子物质小分子化，促使普洱熟茶汤色由绿黄明亮转变为红褐。经过一部分茶多酚和咖啡碱产生氧化、聚合反应，使翻堆样失去了晒青毛茶的部分苦味和发酵过程中产生的酸、涩味，产生甜醇回甘的口感。产生的低沸点物质，如甲

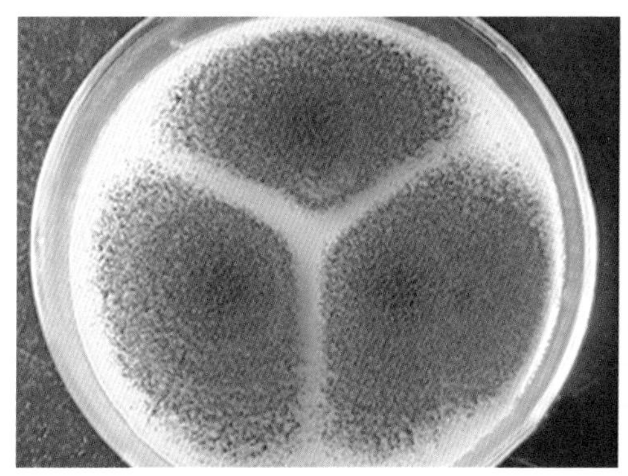
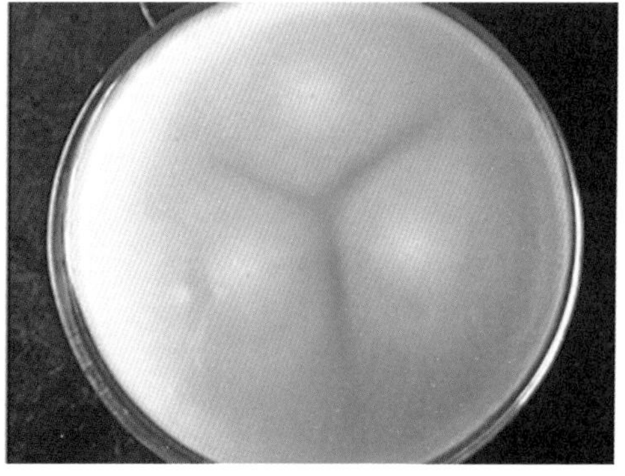

图 11.4　黑曲霉的培养菌落观察（正、反面）

氧基苯类，有利于构成普洱茶的陈香等特征性香气成分。

黑曲霉能够分泌单宁酶，其作用为水解单宁类等大分子物质，而产生没食子酸等小分子物质。研究发现，没食子酸具有多种生物学活性功能和药用功能，具有抗氧化、抗突变、抗菌抗病毒、抗肿瘤、抗自由基的作用，因此，黑曲霉能够显著地提高普洱茶的保健功能。

黑曲霉与其他微生物对普洱茶香气形成的具体作用见下表。

表11-1 有益微生物与普洱茶香气的关系

序号	化合物名称	香型	木霉	黑曲霉	根霉	酵母
1	苯甲醛	苦杏仁气味	/	5.39	1.79	2.21
2	2,4-庚二烯醛	具有青香、醛香	/	3.23	3.51	2.46
3	苯乙醛	浓郁的玉簪花香气	3.66	7.08	3.17	4.19
4	糠醇	特殊的苦辣气味	8.63	3.20	1.48	1.06
5	顺式氧化芳樟醇	强的花香、木香气	11.36	6.01	2.02	1.40
6	1,2-二甲氧基苯	陈香	3.89	8.66	6.30	2.42
7	芳樟醇氧化物Ⅰ	具强的木香、花香、青香气	2.45	2.15	1.18	0.88
8	芳樟醇氧化物Ⅱ	具强的木香、花香、青香气	6.5	5.54	1.41	0.55
9	香叶醇	具有温和、甜的玫瑰花气息	0.83	0.96	0.65	0.67
10	1,2,3—三甲氧基苯	陈香	7.4	10.35	10.39	/
11	α-紫罗兰酮	具暖和木香、花香和甜香	/	/	1.85	1.52
12	1,2,3,4-四甲氧基苯	陈香	/	/	/	4.88
13	ß-紫罗兰酮	紫罗兰花香气，具暖和木香	/	1.56	3.88	2.09

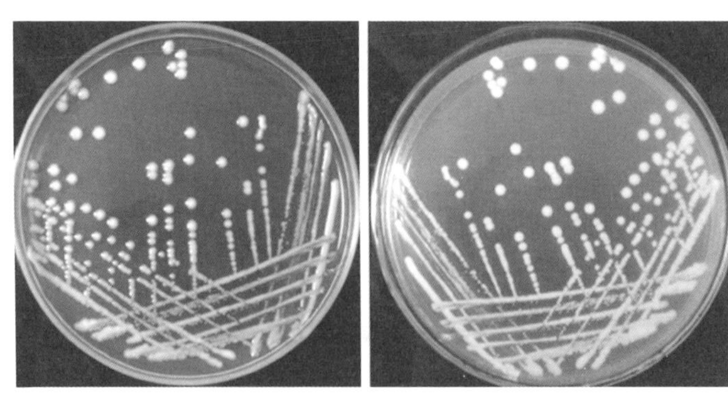

图11.5 酵母菌的培养菌落观察（正、反面）

（二）酵母菌对普洱茶品质的作用

酵母菌属于真菌这一大类，具有广泛的用途，除了酿造啤酒、酒精及其他饮料外，又可发面粉制面包。酵母菌菌体含有丰富的维生素、蛋白质、多种酶等，可作食用、药用和饲料酵母，又可提取核酸、麦角甾醇、谷胱甘肽、维生素C和凝血质等作为医药和化工的重要原料。

在普洱茶大生产过程中，酵母菌能分泌酶类作用于茶叶基质，如淀粉酶、蛋白酶等，对普洱茶品质的形成有积极作用。酵母菌通过产生酶催化普洱茶中的茶多酚、蛋白质等大分子物质转化为小分子物质，赋予普洱茶独特的红褐汤色和特殊的陈香味，并对普洱茶醇和品质有显著影响。

（三）根霉对普洱茶品质的作用

根霉属于真菌这一大类，具有许多优良特性，其中糖化力强的根霉可用于葡萄糖制造和酿酒工业。中国小曲酒的配制就大多使用根霉，黄酒的酿制也部分使用根霉，即所谓的小曲酿酒法。使用纯种根霉、中草药和甜酒曲母混合制造甜酒曲，既能保持甜酒的传统风味，又有利于控制甜酒生产中的酸度和温度，防止酸败和产生异味，提高产品的糖度。

在普洱茶发酵过程的各个阶段，根霉菌都可能出现，且对环境的适应性很强，生长迅速。根霉菌对普洱茶品质的具体作用包括：（1）根霉菌的淀粉酶活性高，能够产生糖化酶，使淀粉转化为糖，有利于普洱茶甜香品质的形成；（2）根霉菌产生凝乳酶，能产生有机酸和芳香的酯类物质，对普洱茶甘香品质的形成有很好的作用；（3）根霉菌形成乳酸，有利于普洱茶黏滑和醇厚品质的形成。

（四）片球菌对普洱茶品质的作用

片球菌属于细菌这一大类，最适宜生长温度25～40℃，种群数量在普洱茶固态发酵中期阶段数量增加较多，且上、下层变化最为明显。片球菌属是一类机体内重要的益生菌，代谢产物利于发酵食品的风味形成，在酿酒的窖池中也发现有大量的片球菌存在，对于普洱茶风味物质的形成及储藏有一定影响。片球菌属参与发酵，能够迅速降低发酵物的pH值，促进高温环境的酸碱度下降，有效降低亚硝酸盐含量，抑制有害菌的生长，从而更好地保障普洱茶发酵后的品饮安全。

（五）欧文氏菌对普洱茶品质的作用

在普洱茶高温发酵阶段中，欧文氏菌数量总体呈减少趋势，至出堆时数量已经变得极少。在 Ca^{2+} 存在的情况下，欧文氏菌分泌果胶酸（酯）裂解酶分解果胶类物质，使茶叶叶表薄壁细胞组织软化，从而能够在高温发酵的前中期加速普洱茶的品质转化。欧文氏菌属能够合成脂溶性色素类胡萝卜，利于形成普洱熟茶的红浓汤色。欧文氏菌属具有多种生物学特性与功能，能产生多糖类物质从而调节人体免疫活性，产生具广泛抗肿瘤活性的紫杉醇，具有开发成新型功能性普洱茶的前景。

（六）乳杆菌对普洱茶品质的作用

在普洱茶固态发酵的初期和后期，乳杆菌属有明显的数量增加趋势，中下层变化尤为明显，出堆时乳杆菌数量明显高于发酵后期。乳杆菌属在发酵过程中可以利用淀粉酶分解碳水化合物，产生乳酸等有机酸，赋予产品芳香，提高普洱茶的香气及滋味。

乳酸杆菌可以降低胆固醇，促进免疫细胞、组织和器官生长发育，刺激机体产生抗体，从而增强机体免疫功能。还可以产生抗菌素，营造低 pH 环境，竞争性地抑制黄曲霉、大肠杆菌、肺炎球菌等有害菌群，防止腐败菌发展，对普洱茶固态发酵中的有害菌种起到一定程度的抑制效果，从而能够有效地提升普洱茶的保存水平。

三、微观界的精灵——创造性的酵素活化剂

（一）发酵剂概述

发酵剂是指为生产干酪、奶油、酸乳制品及其他发酵产品所用的特定微生物制备而成的菌剂，如乳杆菌、乳球菌、双歧杆菌、酵母菌、曲霉菌等。茶叶微生物发酵剂的制备是建立在对微生物深入研究的基础上的，发酵剂的微生物来源主要是在自然状态下参与茶叶固态发酵的一些优势微生物菌种，另外，也可以是非传统茶叶发酵过程中出现的菌种，即没有在茶叶发酵微生物群落中发现过的自然界中的其他微生物菌种。

制作微生物发酵制剂的菌种不管是否来源于茶叶发酵体系，都应该是国家相关法律法规允许在食品生产领域中使用的微生物菌类，生产微生物发酵制剂，应该将制剂微生物的安全性作为首要的选择标准。在确定了用于研制茶叶发酵剂的菌种是安全的前提之后，接下来要考虑该微生物对于茶叶风味和品质的影响的机理是怎样的，该微生物对茶叶色香味形等感官品质和生理生物指标有何影响，在了解清楚微生物对茶叶品质的具体影响后，还要考虑该微生物的繁殖力如何，在茶叶发酵环境里面是否能够正常地生长和繁殖。

早在 20 世纪 80 年代末，研究者就

开始尝试利用从传统普洱茶生产中分离到的有益优势微生物菌株进行人工接种、发酵生产普洱茶。从发酵效果来看，普遍可缩短加工时间、降低损耗、降低成本、加快发酵速度，有助于实行质量控制，稳定规范化品质。

在普洱茶微生物研究方面，对普洱茶发酵过程中微生物及其应用的研究主要集中在霉菌、酵母等优势微生物水平，对其优势菌单一添加发酵或混合添加发酵后普洱茶整体分子水平代谢机理有待深入研究，尤其是单一实验水平多堆发酵过程中微生物整体生态系统变化规律的研究需强化。

在添加外源有益微生物以缩短发酵时间、提高普洱茶品质研究方面，经多年实践形成了较完整和成熟的工艺。周红杰名师工作室在前期研究的基础上，利用分子生物学手段继续进行细化深入，系统剖析参与各种微生物类群在不同时期的动态变化，尤其是其中大量的免培养微生物及极性微生物，为全面解析普洱茶发酵过程中内含物质在分子水平代谢形成普洱茶色、香、味物质的酶促反应体系中发挥的作用研究提供科学基础。

利用高通量测序技术研究普洱茶发酵阶段功能基因和代谢通路表明：芽孢杆菌属、枯草芽孢短杆菌属、糖多孢菌属、短状杆菌、博代式杆菌属、假单胞菌属及曲霉属在微生物数量上占据优势地位；经功能基因和代谢途径注释后发现发酵过程中微生物功能酶类主要集中在维持微生物自身生命代谢方面，如ATP 连接酶、转录酶、rRNA 连接酶等。

经作用于碳水化合物的复合酶数据库注释后发现，以碳水化合物为基

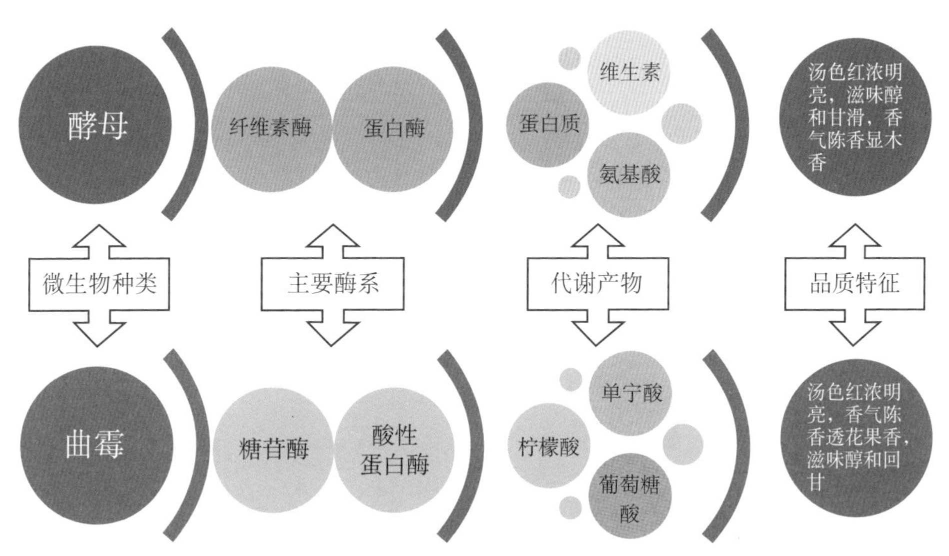

图 11.6　普洱茶发酵过程中单菌应用促使主要品质形成解析图

质的酶类主要是糖苷水解酶（Glycoside Hydrolases，GHs）和糖基转移酶（Glycosyl Transferases，GTs），这些酶类的丰富含量对于普洱茶后期形成醇甜顺滑的品质特征具有关键作用。

代谢通路预测分析，在发酵过程中微生物参与的代谢途径90%以上是集中在维持自身生命活动的新陈代谢水平，主要是碳水化合代谢途径、氨基酸代谢途径、咖啡碱和维生素代谢途径、脂质代谢途径、能量代谢途径、少量其他氨基酸代谢途径、萜类化合物和多酮类化合物及外源性物质生物降解代谢途径，这些代谢途径的研究使得我们对于普洱茶发酵过程中整体微生物在品质形成途径方面的代谢丰富度有了初步了解。

普洱茶发酵过程中单菌应用促使主要品质形成的关系见图11.6，利用这一原理成功应用于普洱茶实际生产的发酵剂见表11–2。这些对于后期进行普洱茶数字化、控制化、标准化、功能化生产指明了方向，为人工接种微生物，即研发普洱茶发酵剂，应用于普洱茶的发酵生产提供了理论依据。

表11–2　普洱茶发酵剂的成功应用实例

发酵剂菌种名称	感官审评结果
黑曲霉 （*Aspergillus niger*）	汤色红浓明亮，滋味醇厚甘滑 香气陈香独特显木香，叶底红褐
酿酒酵母 （*Saccharomyces cerevisiae*）	汤色红浓明亮，香气陈香独特透花果香 滋味醇和回甘，叶底棕褐油润
绿色木霉 （*Trichoderma viride*）	汤色红浓明亮，香气陈香独特带花香 滋味醇厚回甘，叶底红褐匀亮
少根根霉 （*Rhizopus arrhizus*）	汤色红褐透亮，香气陈香 滋味味醇和滑爽，叶底红褐
近平滑假丝酵母 （*Candida parapsilosis*）	汤色红褐，陈香透乳香 滋味醇厚甘滑，叶底褐红匀齐
紫色红曲霉 （*Monascus purpure*）	汤色红浓明亮，陈香显略带酯香 滋味醇和滑爽，叶底红褐有活性

（二）控菌普洱茶固态发酵技术

1. 准备

普洱茶发酵之前的3天，首先对进行普洱茶发酵的发酵室进行清洗，并用紫外线消毒 24 小时，控制发酵室温度 20～30℃，空气湿度 80% 以上。

2. 加菌

潮水后向含水量为 30%~40% 的晒青毛茶原料中接入重量百分比为 0.05%~0.1% 的普洱茶发酵剂，以后每次翻堆之前都添加发酵剂。

3. 翻堆

根据温度的变化进行翻堆，并对水分进行控制，翻堆的依据是底层温度达到 50~55℃，共翻 4~6 次。每次翻堆时取样测定水分，当水分含量低于 30% 时，补充水分含量到 33%~35%。最后一次翻堆后不补水，开沟堆垛 6~7 天，自然干燥 3~5 天。

4. 精制

对干燥完成后的普洱茶原茶通过圆筛、抖筛、飘筛，分清大小、长短、粗细、轻重，去头脚茶，剔除杂质，分级归堆，包装，得发酵完成的普洱茶成品。

（三）洛伐他汀科技普洱茶

科技普洱茶是指通过技术创新，应用产生功能活性成分的有

图 11.7　洛伐他汀普洱熟茶

益菌进行发酵，或应用其他新发酵技术，发酵生产出品质特征鲜明、某种功能活性成分含量较高、具有一定养生功效的新型普洱茶。

经过现代科技研究，应用专利菌株紫色红曲霉作为普洱茶发酵剂，能够生产出高产洛伐他汀的科技普洱茶。

经理化分析表明，洛伐他汀科技普洱茶的水浸出物、黄酮、氨基酸、总糖、茶褐素等分别比常规普洱茶提高1.83%、14.43%、8.67%、4.89%、4.18%，明显提高了普洱茶的品质。

经感官审评表明，洛伐他汀科技普洱茶条索紧结，汤色红浓明亮，陈香显略带酯香，滋味醇和滑爽，叶底红褐有活性，其中，最主要的特点是带有米酯香这一新型风味。

经动物实验表明，洛伐他汀科技普洱茶的突出功效为暖胃、减肥、降脂、防止动脉硬化、防止冠心病、降血压、抗衰老、抗癌和降血糖等。

四、有害菌——普洱茶变质根源

任何事物都具有两面性，对于普洱茶品质来说，如果发酵工艺不合理，或者仓储不当，例如湿度过大、空气封闭等，极其容易滋生有害菌，而有害菌是普洱茶变质的根源。

在给氧量不足的普洱茶发酵中，酵母菌进行无氧代谢，很容易嗅到酸、霉的味道，如果任其发展，则会形成辣、刺、叮、麻、挂、锁、酸等不利的物质，影响和降低普洱茶的品质。

由于根霉分泌果胶酶的能力很强，渥堆中根霉的滋生会造成普洱茶茶叶的软化，甚至腐烂。

细菌适宜生长在温暖、潮湿和富含有机质的地方，常会散发出特殊的臭味或酸败味，在正常的普洱茶固态发酵和仓储过程中出现的数目较少，且至今没发现有致病细菌，但如果发酵中茶堆底部水分长时间积压或成品仓储中受潮，也存在其大量滋生的威胁。

在普洱茶的标准化生产过程中，优势菌与有害菌的生长存在抑制与被抑制关系，应该掌握优势菌和有害菌的特点，加强普洱茶发酵过程中微生物的安全卫生研究和成品中有害微生物在长时间贮藏过程以及不同贮藏条件下的变化规律及安全性研究。

严格控制微生物的种类和数量，并控制适宜的水分、温度、氧气、光线等外在条件，促进优势菌的生长代谢，排除有害微生物和不利环境条件对茶叶卫生安全的威胁，让茶叶在微生物的积极作用下品质成分得到合理有效的转化，固态发酵工艺得到合理的改善，并促成普洱茶特有的色香味品质特征。

第十二篇

洱茶蕴含的美——健康之美、寓意之美

花开花谢，铅华涤尽，领略普洱茶中的岁月静好。

普洱茶具有以茶养生、以茶雅心的功能。以茶养生，可以增进人们身体健康，满足现代人注重健康、提升生命质量的需求；以茶雅心，可陶冶个人情操，提高个人道德品质和文化修养。

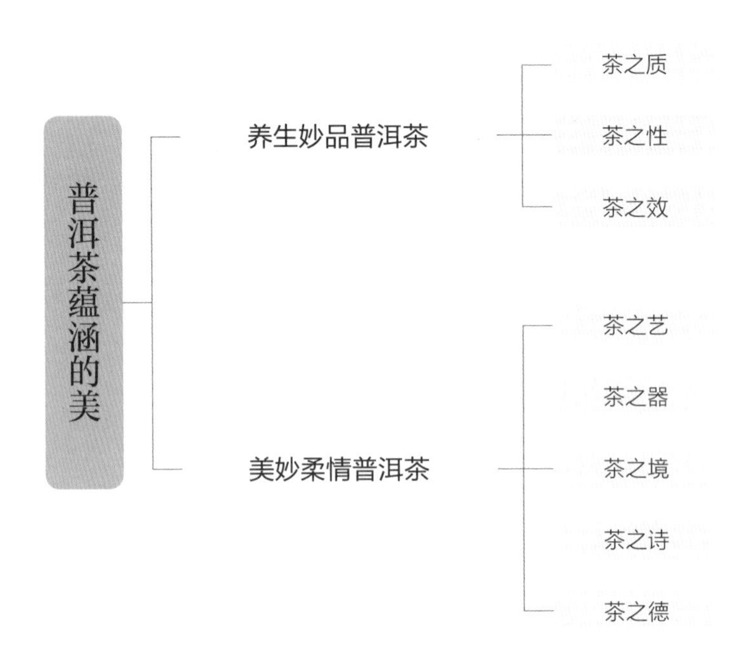

一、养生界的妙品——普洱茶

早期我们的祖先就已经知晓并利用茶的保健治病功效了。茶渐渐由药用转变为饮用，现如今茶已经成为风行全世界的健康养生饮品之一。普洱茶属云南大叶种茶，芽长而壮，白毫特多，银色增辉，叶片大而质软，内含蛋白质、茶多酚、生物碱、氨基酸、碳水化合物、矿物质、维生素、色素、脂肪和芳香物质。经科学证实，普洱茶具有防治疾病以及保健功效。其中人体所需的“七大营养素”——蛋白质、碳水化合物、脂肪酸、矿物质、维生素、水分、膳食纤维都存在于普洱茶中。普洱茶中的营养养生成分及含量数据如下：

表 12–1　营养养生成分及含量

营养成分	含量（%）	组成
蛋白质	20~30	谷蛋白、球蛋白、精蛋白、清蛋白等
氨基酸	1~5	茶氨酸、天冬氨酸、精氨酸、谷氨酸、丙氨酸、苯丙氨酸等（30 种）
生物碱	3~5	咖啡碱、茶碱、可可碱等
茶多酚	20~35	儿茶素、黄酮、黄酮醇、酚酸等
碳水化合物	35~40	葡萄糖、果糖、蔗糖、麦芽糖、淀粉、纤维素、果胶等
脂类化合物	4~7	磷脂、硫脂、糖脂等
有机酸	≤ 3	琥珀酸、苹果酸、柠檬酸、亚油酸、棕榈酸等
矿物质	4~7	钾、磷、钙、镁、铁、锰、硒、铝、铜、硫、氟等（30 多种）
天然色素	≤ 1	叶绿素、类胡萝卜素、叶黄素等
维生素	0.6~1.0	维生素 A、B_1、B_2、E、C、K、P、U、泛酸、叶酸、烟酰胺等

以上营养养生含量的数据显示，普洱茶中含有多种人体所必需的成分，富含的营养素对人体防病治病保健等方面有着重要意义。喝普洱茶不仅可以带给我们凝神静心的作用，还可以及时补充各类营养元素，对身体极其有益，是当今养生之妙品。

（一）茶之质——普洱物质的多样性

普洱茶是以云南大叶种晒青毛茶为基质，经后发酵而制成的茶叶，其丰富的物质多样性来源主要有三个途径：一是茶叶自身保留下来的；二是后发酵作用于茶叶转化形成的；三是后发酵微生物自身代谢产物。大叶种茶树鲜叶含有丰富的化学物质是普洱茶品质形成的基石，后发酵则是普洱茶特色品质形成的关键，普洱茶的品质形成机理，使其内含物与其他茶类形成差异，使得普洱茶具有防止心血管疾病、防癌和抗癌、降血压、降血脂、减肥、抗辐射等功效，是对人体有独特功效的生物饮品。

普洱茶蕴含物质的多样取决于云南大叶种（基础）、特殊工艺（核心）、后期转化（关键）三个方面。其关系如下：

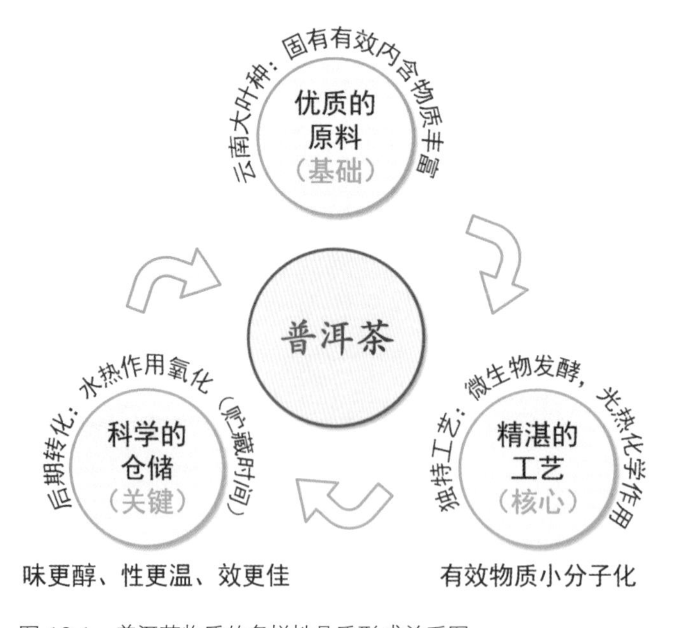

图 12.1　普洱茶物质的多样性品质形成关系图

1. 云南大叶种

云南茶树多为乔木大叶类型，多分布山区丘陵地带的温凉、湿热地区，海拔在1200~2000m，年平均温度在12~23℃之间，年降水量在1200~1800mm。优越的气候条件为普洱茶丰富的内含物质成分的形成奠定了坚实的基础。云南大叶种的特点是叶肉厚实、芽头肥大、茎粗节间长、发芽早、白毫多、育芽力强、生长期长、持嫩性好、内含物质丰富，产量高、品质优、适制性广。鲜叶中水浸出物、多酚类、儿茶素含量均高于国内其他优良茶树品种，一般水浸出物在45%左右，茶多酚类在30%以上，儿茶素含量每克达150~170毫克，咖啡碱3.5%~4%。

表 12-2　普洱茶产区大茶树主要生化成分含量表（%）

名称	氨基酸	咖啡碱	茶多酚	儿茶素							茶氨酸	水浸出物
				总量	EC	C	EGC	EGCG		ECG		
								占总量 %	占总量 %			
易武大茶叶	2.91	5.1	30.98	24.81	1.03	1.16	7.26	11.1	44.74	4.26	1.47	48.5
景谷大白茶	3.84	5.15	29.93	15.33	0.51	0	3.76	7.49	48.86	3.59	1.75	46.72
漭水大叶茶	3.23	4.91	34.93	26.73	1.95	1.44	3.98	14.58	54.54	4.78	1.72	50.04
昌宁大叶种	2.4	4.98	36.57	18.83	1.51	0.38	1.12	12.37	67.3	3.01	1.01	49.95
温泉圆头茶	2.55	4.79	33.96	19.41	1.65	1.95	1.37	11.46	59.04	2.98	1.06	45.55
郭大寨大茶	2.41	4.68	32	22.84	2.41	1.5	4.72	11.06	48.42	3.15	1.03	46.43
茶房迟生茶	2.65	4.93	34.26	22.76	2.92	2.27	3.94	8.97	39.41	4.66	1.05	48.36
勐稿茶	2.75	4.62	32.77	18.85	1.75	1.88	0.58	11.17	59.26	3.47	1.34	47.82
茶房大叶茶	2.31	4.93	34.71	18.07	0.64	0	5.03	8.79	48.64	3.61	1.2	48.17
邦东大叶茶	2.47	4.77	34.73	18.49	1.06	0	5.1	8.26	44.67	4.07	1.31	49.4
勐库长叶茶	3.36	4.87	35.06	16.72	1.12	0	4.66	8	47.85	2.94	1.48	49.72
公弄茶	3.11	5.25	30.98	18.34	3.85	0.97	2.48	7.13	38.88	3.91	1.52	48.18

数据显示，云南大叶种茶树鲜叶所含有的茶多酚、儿茶素、咖啡碱、茶氨酸和水浸出物含量都高于一般中小叶种茶树，与小叶种比较，一般茶多酚类高5%~7%，儿茶素总量高30%~60%，水浸出物高3%~5%。云南大叶种茶树品种对形成普洱茶独特品质有重要作用，以其优良的茶叶品种特性驰名中外。

图 12.2　普洱茶渥堆展示图

2. 特殊的工艺

在微生物分泌的胞外酶的酶促作用、微生物呼吸代谢产生的热量和茶叶水分的湿热协同下，发生了茶多酚氧化、聚合、缩合、分解。其中包括蛋白质和氨基酸的分解、降解，碳水化合物的分解以及各产物之间的湿热、缩合等一系列反应。微生物在普洱茶渥堆过程中起到关键性的作用。一方面，微生物能产生胞外酶发生酶促作用和微生物呼吸产生的热量有利于晒青毛茶化学成分发生复杂的物质转化。

另一方面，它能通过自身的代谢产生一些营养物质如氨基酸、维生素、矿物质等。在发酵过程中，热氧化降解作用主要体现在类胡萝卜素、氨基酸、脂质、芳香物质、抗坏血酸、蛋白质、多肽和游离氨基酸的热降解中使得普洱茶物质多样。水分、温度、氧气、光线在普洱茶加工过程中使多酚类物质氧化后的水溶性产物有较多的形成与保留。在水热作用下，茶黄素和茶红素含量减少，茶褐素含量增加，茶汤内含物质更丰富，品质更佳，更易吸收。

3. 后期转化

经过一定的时间储藏的普洱茶品质会提升。由于多酚类物质的氧化、降解、聚合的结果，脂类儿茶素减少，茶多酚含量减少，使得苦涩味明显降低，滋味愈加醇和。总糖增加，茶汤甜醇。除此之外，可溶性蛋白质、芳香物质等保留了原来的有益的物质成分，茶叶的整体品质得到提高。

研究表明，任何一种普洱茶品质仓储都有一个最佳时期（不是越长越好）。在这个时期之前，它的品质呈上升趋势，达到高峰以后，品质会逐渐下降。如果普洱茶已经具有汤色红浓、陈香明显、滋味浓醇、叶底黑褐的品质特征，仍无限期地贮藏下去，必然会使茶叶中含有的有益成分逐渐分解、氧化，进而失去普洱茶有益的物质成分。

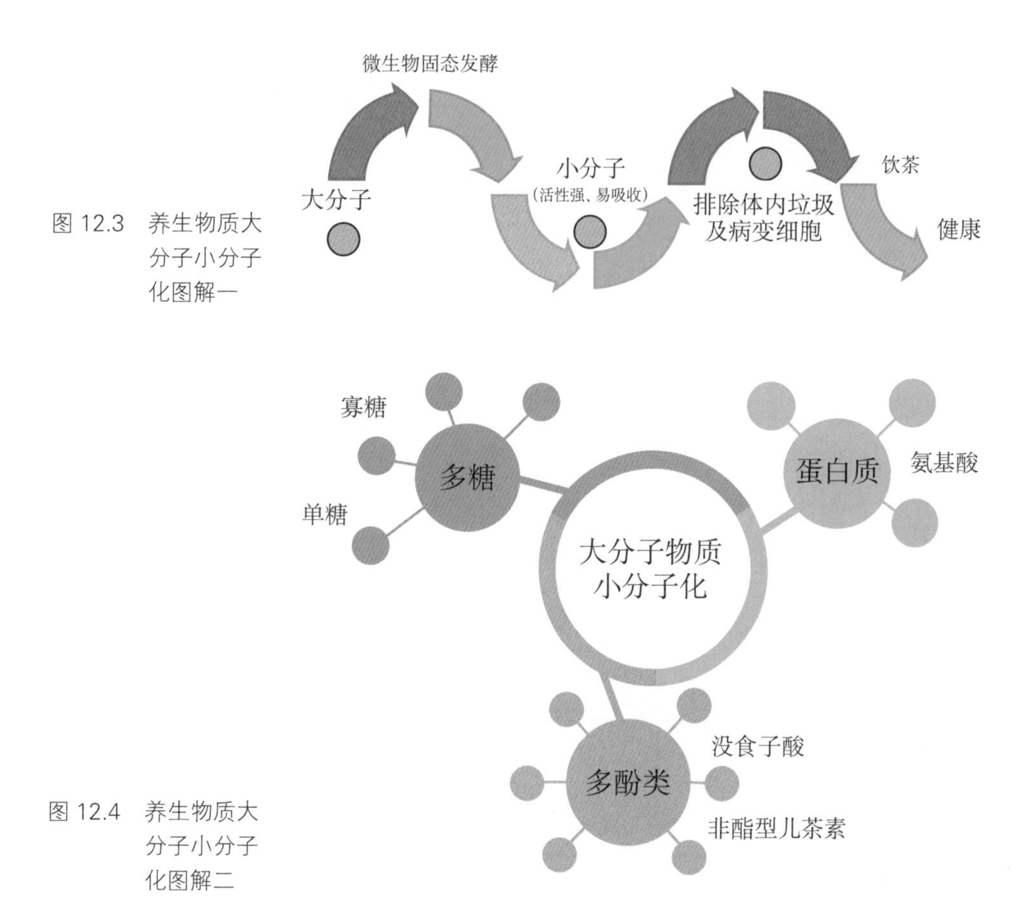

图 12.3 养生物质大分子小分子化图解一

图 12.4 养生物质大分子小分子化图解二

（二）茶之性——养生物质大分子小分子化

普洱茶的养生性能与大分子小分子化的转变有必然联系。普洱茶中含有的大分子通过微生物固态发酵转变为活性强、易吸收的小分子。小分子进入人体协调综合产生作用后，排除体内垃圾及病变细胞。通过饮用的方式，进而在人体内发挥特殊的保健功效。

有效物质的小分子化，即酯型儿茶素、多糖等大分子的降解，使得苦涩类物质减少，甜味物质增多，有益物质转化生成，如寡糖；同时香味物质形成，如由微生物代谢生成的樟香、甜香等物质。由于小分子活性强，小分子物质的增加，从保健角度增强了保健的效果；多糖物质的增加，尤其是寡糖的增多，对提高免疫有特殊的意义：品饮普洱茶有利于改善机体的免疫系统，维护人体体内有益微生物健康生存的环境。

（三）茶之效——养生品饮、健康品饮

普洱茶中含有将近600余种化学成分，大部分是人体所必需的营养成分。其中鲜叶中含有75%~80%的水分，干物质含量为20%~25%。干物质中包含了成百上千种化合物，主要有咖啡碱、茶碱、可可碱、胆碱等生物碱，黄酮类、儿茶素、花青素等酚类衍生物质，还有多种维生素、氨基酸。其中具有营养价值的包括维生素、蛋白质、氨基酸、类脂类、糖类及矿物质元素等；具有保健和药效作用的包括茶多酚、咖啡碱、脂多糖等。成分的多样性造就了茶叶防治疾病和人体保健的功效。

中医认为普洱茶具有清热、消暑、解毒、消食、去腻、利水、通便、祛痰、祛风解表、止咳生津、益气、延年益寿等功效。

现代医学认为普洱茶有暖胃、减肥、降脂、防止动脉硬化、防止冠心病、降血压、抗衰老、抗癌、降血糖、抑菌消炎、减轻烟毒、减轻重金属毒、抗辐射、防龋齿、明目、助消化、抗毒、预防便秘、解酒等20多项功效。其中暖胃、减肥、降脂、防止动脉硬化、防止冠心病、降血压、抗衰老、抗癌、降血糖的功效尤为突出。

1. 降血脂功能

随着人们生活水平的不断提高、饮食结构的改变及受不良饮食习惯的影响，高血脂症患者日益增多，直接导致心脑血管疾病的发病率较大幅度上升，对人们的工作和生活产生了重大影响。国际上许多研究证明，普洱茶具有降血脂的功效。有研究表明，这种降血脂的作用主要表现在普洱茶中以茶多酚为主的氧化产物以及后发酵产生的独特的茶褐素等活性成分是普洱茶具有降血脂作用的主要功能成分之一。

2. 抗氧化与抗动脉硬化功能

有研究表明，研究认为普洱茶水浸

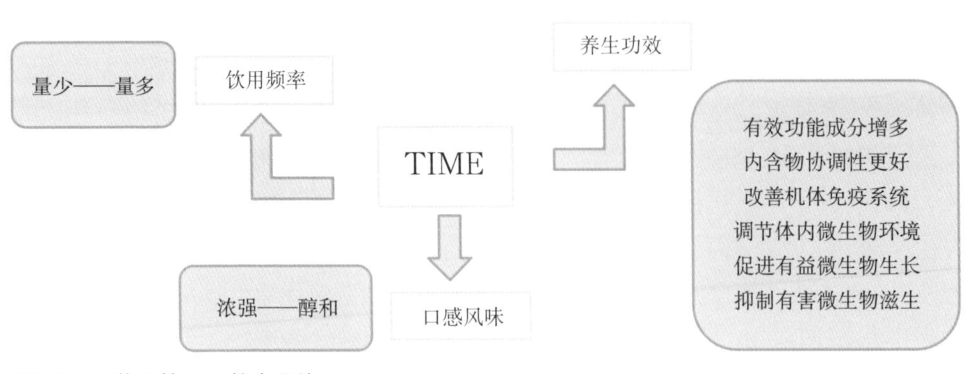

图12.5　茶之效——养生品饮

提物中 EC、抗坏血酸和多酚类物质能清除一氧化氮（NO）自由基从而起保护氧化损失作用；普洱茶水浸提物能够保护人类肝癌细胞（Hep G2）株体内外的氧化损失，因此推测，饮用普洱茶可保护肝脏的氧化损失。

关于普洱茶抗动脉硬化作用的研究证实，普洱茶可以降低血浆总胆固醇、酸油三酯及游离脂肪酸，亦可减轻胆固醇性脂肪肝现象及增加粪便中胆固醇的排出。同时，也可轻微地抑制肝中胆固醇的合成，增加动物禁食期间对胰岛素之敏感。

在茶叶中特殊的固态发酵工艺使黄酮类物质以黄酮苷形式存在，黄酮苷具有维生素 P 的作用，是防止人体血管硬化的重要物质。

3. 减肥功能

研究证明，长期饮用普洱茶不仅可以减轻体重，而且能使胆固醇及甘油三酯减少。所以，长期饮用普洱茶有辅助治疗肥胖症的功能。有日本的研究表明，普洱茶对消化道的脂肪吸收起到有效的抑制作用，同时发现普洱茶还可以抑制减肥后的反弹。

除此之外，无论是普洱生茶，还是普洱熟茶水提取物对 3T3－L1 前脂肪细胞的增殖和分化均有抑制作用，且普洱茶熟茶效果优于普洱茶生茶。

4. 降压功能

饮用普洱茶后能引起人的血管舒张、血压暂时下降、心率减慢和脑部血流量减少等生理效应，故对老年人和高血压与脑动脉硬化患者，均有良好作用。

5. 防癌、抗癌功能

普洱茶中茶多酚及其氧化、降解、络合产物都是重要的抗癌防癌成分，研究还发现普洱茶抗突变的作用，也就是防癌变的功效，其有效成分是茶多酚。且云南大叶种原料加工的普洱茶中富含多种活性物质，如 β－胡萝卜素、维生素 B_1、B_2、C、E 等，都是重要的抗癌微量元素。在普洱茶饮用过程中它们协同产生了保健效果。

6. 抗衰老功能

普洱茶中含有许多抗衰老的成分，主要是多酚类化合物。研究表明，云南普洱茶原料所含有的茶多酚、总儿茶素和儿茶素中的（－）－表没食子儿茶素没食子酸酯（EGCG）和表没食子儿茶素（EGC）的含量均高于其他茶树品种。在饮用发酵的熟制普洱茶中，其起活性的重要成分是没食子酸、茶红素（TR）、茶褐素（TB）和维生素 C 等。说明普洱茶具备抗衰老的物质基础。

7. 护胃、养胃功能

在适宜的浓度下，饮用平和的普洱茶不对肠胃产生刺激作用，黏稠、甘滑、醇厚的普洱茶进入人体肠胃形成的膜附着于胃的表层，对胃产生有益的保护层，长期饮用普洱茶可以起到护胃、养胃作用。

经云南农业大学普洱茶研究组将普洱茶作为重点国家基金项目的多年研究得出，普洱茶的养生功效主要包括使有效功能成分增多、内含物协调性更好、改善机体免疫系统、调节体内微生物环境、促进有益微生物生长、抑制有害微生物滋生。

普洱茶具有平和性，体现在优质的普洱茶具有色亮、香醇、味厚、形朴、天然、安全、健康的独特特性，品饮对胃温润、无刺激。正是有了这些物质基础，造就了普洱茶神奇独特的养生保健功效，饮之使人身心健康。当然，每个人的体质不同，应该适当地选择适合自己的品饮方式，依据茶叶的口感风味选择适当的饮用频率，做到养生品饮、健康品饮。

二、美妙柔情普洱茶

茶不仅仅是人们用来解渴的饮品，它还蕴含着中国人细腻的情感。普洱茶在生活中虽达不到古人“肌骨清，通仙灵”的境地，但却能让人在劳繁的工作之余祛除杂尘、放松身心。让你在劳碌的生活中多一份清醒与从容，也多一份悠然与超脱。

（一）茶之艺——寻找自己的欢喜心安

普洱茶自然古朴，饮茶即修身养性。

诗僧皎然作的《饮茶歌诮崔石使君》，在爱茶人心中描绘出一片值得敬仰的天地。

一饮涤昏寐，情思朗爽满天地。

再饮清我神，忽如飞雨洒轻尘。

三饮便得道，何须苦心破烦恼。

有人说，普洱茶是一种神奇的饮品，简简单单，却将所有的芬芳无私地沁入你的心脾，细细啜饮，自己也在不知不觉中变得平易和亲和起来。

从内涵上看，普洱茶文质并重；从形式上看，百花齐放，不拘一格；从审美上看，强调自然，崇尚静俭；从目的上看，注重内省，追求怡真。茶展示了“崇尚自然”与“天人合一”的主要思想观念，茶人从人与自然的统一中找寻着自己的欢喜心安。

图 12.6　普洱茶外形自然古朴之美展示图

（二）茶之器——穿越千年厚重的时空

普洱茶是有茶性的，不同的人冲泡可以呈现不同的口感，茶器同样拥有生命。茶器成型于人，传递人的思想感情，茶器是人的心灵物化之物。

普洱茶与茶器共同承载和穿越着千年厚重的时空悠久淳厚的中国茶文化。倾倒出器具的组合和谐相配，材质上能互相照应，共同形成一种气质；大小配合得体，错落有致，高矮有方，风格一致：在古朴典雅的器具承载下普洱茶飘散出独特的味道。

（三）茶之境——独具典雅的东方韵味

普洱茶贵生而脱俗，文明又礼雅，空灵又至善。普洱茶的味、色、香、情意与姿态，只有在古朴典雅的意境之中，才能看得足，尝得透。人们思接千载，目穷万里，旨在创造出一种“意境”，意境包括环境美与艺境美。虚静恬淡的茶室意境，在艺境美中臻于完美。在茶韵中放下身心的忙碌疲倦，在茶的宁静致远中，享受诗意的栖居。徐渭《煎茶七略》中对于茶室环境选择有详细描述：“品茶宜精舍，宜云林，宜永昼清谈，宜寒宵兀坐，宜松月下，宜花鸟间，宜清流白云，宜绿藓苍苔，宜素手汲泉，宜红妆扫雪，宜船头吹火，宜竹里飘烟。”泡杯普洱茶，在精舍、云林、花鸟间、松月下、清流白云处，体悟普洱茶的东方神韵。

图 12.7　茶器

图 12.8　茶境

（四）茶之诗——喜爱显于诗词

中国是茶之乡、诗之国，茶的出现装点了我们平凡却又诗意万重的生活。茶很早就出现于中国人的诗词之中，从最早出现的茶诗到现在，历时1700年，茶诗文灿若星河。普洱茶作为中国茶叶大家庭中的重要成员，与诗词的缘分也极为深厚。

普洱茶

王澍（北京）

平生足未践思茅，普洱名茶是至交。
炼字未安吟苦处，一杯清洌助推敲。

十六字令·普洱茶（三首）

王文井（云南·景谷）

茶。绿带环坡接翠霞，村姑聚，笑语满山洼。
茶。普洱名扬誉迩遐，优良质，四海竟相夸。
茶。求教诗词致友家，香飘远，不觉日西斜。

咏普洱茶

王兴麒（云南·昆明）

嫩绿邀春焙，余甘浃齿牙。
神清非澡雪，普洱誉仙家。

长句与晴皋索普洱茶

丘逢甲（清）

滇南古佛国，草木有佛气。
就中普洱茶，森冷可爱畏。
迩来人世多尘心，瘦权病可空苦吟。
乞君分惠茶数饼，活火煎之檐蔔林。
饮之从未作诗佛，定应一洗世俗筝琶音。
不然不立文字亦一乐，千秋自抚无弦琴。
海山自高海水深，与君弹指一话去来今。

滇园煮茶

阮元（清）

先生茶隐处，还在竹林中。
秋笋犹抽绿，凉花尚闹红。
名园三径胜，清味一瓯同。
短榻松烟外，无能学醉翁。

（五）茶之德——礼仪传于品茗

1. 主人礼仪

在品茶过程中，主人作为茶事活动的主导者发挥着举足轻重的地位，不管是在茶事活动准备中，还是茶事活动始末，主人都应该做到大方得体、文明卫生。茶事活动中，主人应该熟知杯中所冲泡茶的茶性、加工工艺特点、冲泡方法等，所有都得依托于主人的茶学素养。因此，简而言之，主人若要做到礼貌得体，就必须加强自己的理论知识储备。

2. 客人礼仪

茶事活动是一个互动的过程，客人也应同主人一样，注意自己的言行举止，举手投足间皆应折射出自己的德行本质。例如，客人在主人请自己选茶、赏茶或主人敬茶时，应在座位上略欠身，并说“谢谢”。如人多、环境嘈杂时，也可行扣指礼表示感谢。品茗后，应对主人的茶叶、泡茶技艺和精美的茶具表示赞赏。告辞时应再次对主人的热情款待表示感谢。

追溯历史，薪火相传，发展现在，传承创新。

普洱茶文化作为一种根植于饮茶大众生活的文化元素，其中所承载和包含的不仅仅是一种物质元素，还有着丰富而全面的精神内涵，其所具备的历史价值、科学价值和艺术价值传扬海内外。普洱茶从茶马古道到世界各地，从传统到科技，在中国乃至世界茶叶发展史上留下了浓墨重彩的一笔。

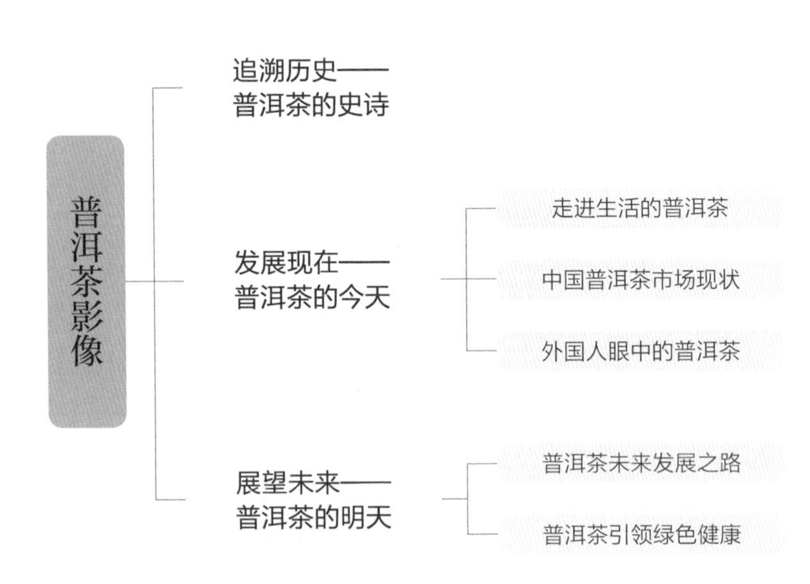

一、追溯历史——普洱茶的史诗

“普洱”，哈尼语地名。普为寨，洱为水湾，“普洱”意指水湾寨。“普洱”一词应当原本是指普洱人，普洱人指的是当今布朗族、德昂族及佤族等西南少数民族的先民——濮人。即先有普洱人（濮人），后有普洱这一地名，再后有普洱人种的普洱茶。

传说，普洱茶的产生是一个美丽的错误。普洱地区的濮家茶庄将没有完全晒干的毛茶压饼，通过马帮装驮进贡。到了京城发现，原本绿色泛白的茶饼变成了褐色。护送茶叶进京的茶庄少主人因为贡茶面目全非，甚至想到要了断生命，却在无意间发现茶的味道变得又香又甜，茶色也红浓明亮。结果这些茶深得乾隆皇帝的喜爱。于是后来，清代宫廷一直保有“冬饮普洱”的传统。

图 13.1　普洱茶

图 13.2 七子饼茶

中国云南省普洱茶的种植历史悠久，源远流长。与内地相比，云南地处偏远，素有“极边之地”的称谓，其境内高山深谷纵横交错，道路艰险，来往比较困难，再加上民族众多，并且大多数民族比较封闭，与外界隔离，文化也相对落后，这些因素导致云南早期的茶事很少有文字记载传世，就连生活在中唐时期的茶圣陆羽也没有在其所著《茶经》中提及云南之茶。因为当时云南还没有类似中原的采造法，只是散收；散收后的初步加工方法是否是曝晒也并未提及。而陆羽在《茶经》中提到的中原制茶法为：“蒸之、捣之、拍之、焙之、穿之、封之。”尽管如此，云南境内丰富的茶树种质资源和众多古茶园、古茶树，足以证明云南的植茶历史十分久远，云南堪称世界上大叶种茶的发源地。

在历史文献中最早记载普洱茶的人，是唐代的樊绰，在其所著《蛮书》卷七中记载：“茶出银生城（即今景东彝族自治县）界诸山，散收无造法。”南宋李石撰所著《续博物志》卷七也提道：“茶出银生诸山，采无时。”根据《普洱府志》记载：“普洱古属银生府，则西蕃之用普茶已自唐时。”明万历年间，谢肇浙在其所著《滇略》中，第一次提到“普洱茶”这个名词：“士庶所用，皆普茶也，蒸而成团”。这里的“普茶”即“普洱茶”。

由于普洱茶饮用风气的兴起，明末清初以普洱府为起点，向国内外辐射出五条茶马古道，这是中国西南地区对外进行经济文化交流、传播中国古代文明的国际大通道，与著名的“丝绸之路”一样举足轻重。

清顺治十八年（1661 年），应达赖喇嘛的要求，清政府同意在北胜洲（今永胜）建立茶叶市场。清乾隆十三年（1748 年），丽江府改土归流后，清政府在丽江建立茶市，商人领茶引后赴普洱府买茶贩往“鹤庆州之中甸各番夷地方行销”。西藏对茶叶的大量需求，极大地刺激了云南的茶叶生产。为了规范茶叶交易的市场秩序，清政府作出规定，云南藏销茶为七子饼茶，即每七饼为一筒，每饼七两，共重旧两四十九两（今 3.6 市斤）。自此，云南七子饼茶出现。

此后，普洱茶经过百来年的发展，到 1825 年前后已是“普洱茶名遍天下”（阮福《普洱茶记》）。

● 延伸阅读

《普洱茶记》

［清］阮福

普洱茶名遍天下。味最酽，京师尤重之。福来滇，稽之《云南通志》，亦未得其详，但云产攸乐、革登、倚邦、莽枝、蛮砖、曼撒六茶山，而倚邦、蛮砖者味最胜。福考普洱府古为西南夷极边地，历代未经内附。檀萃《滇海虞衡志》云：尝疑普洱茶不知显自何时。宋范成大言，南渡后于桂林之静江以茶易西蕃之马，是谓滇南无茶也。李石《续博物志》称：茶出银生诸山，采无时，杂椒姜烹而饮之。普洱古属银生府，西蕃之用普茶，已自唐时，宋人不知，犹于桂林以茶易马，宜滇马之不出也。李石亦南宋人。本朝顺治十六年平云南，那酋归附，旋判伏诛，遍历元江通判。以所属普洱等处六大茶山，纳地设普洱府，并设分防。思茅同知驻思茅，思茅离府治一百二十里。所谓普洱茶者，非普洱府界内所产，盖产于府属之思茅厅界也。厅素有茶山六处，曰倚邦、曰架布、曰嶍崆、曰蛮砖、曰革登、曰易武，与《通志》所载之名互异。福又捡贡茶案册，知每年进贡之茶，例于布政司库铜息项下，动支银一千两，由思茅厅领去转发采办，并置办收茶锡瓶缎匣木箱等费。其茶在思茅。本地收取新茶时，须以三四斤鲜茶，方能折成一斤干茶。每年备贡者，五斤重团茶、三斤重团茶、一斤重团茶、四两重团茶、一两五钱重团茶，又瓶装芽茶、蕊茶、匣盛茶膏，共八色，思茅同知领银承办。《思茅志稿》云：其治革登山有茶王树，较众茶树高大，土人当采茶时，先具酒醴礼祭于此；又云茶产六山，气味随土性而异，生于赤土或土中杂石者最佳，消食散寒解毒。于二月间采蕊极细而白，谓之毛尖，以作贡，贡后方许民间贩卖。采而蒸之，揉为团饼。其叶之少放而犹嫩者，名芽茶；采于三四月者，名小满茶；采于六七月者，名谷花茶；大而圆者，名紧团茶；小而圆者，名女儿茶，女儿茶为妇女所采，于雨前得之，即四两重团茶也；其入商贩之手，而外细内粗者，名改造茶；将揉时预择其内之劲黄而不卷者，名金玉天；其固结而不改者，名疙瘩茶。味极厚难得，种茶之家，芟锄备至，旁生草木，则味劣难售，或与他物同器，则染其气而不堪饮矣。

清代中后期，普洱茶的生产和销路较好，据《思茅县志》记载：“顺治十八年（1661 年），思茅年加工茶叶十万担，经普洱穿过丽江销往西藏，茶叶达三万驮之多。”雍正时期，在云南设置“普洱府”、“管茶局”等机构，掌管普洱茶的税收，有控制普洱茶的收购及销售的权力，同时规定了茶法，实行“茶引制”（官府拨给茶商运销茶叶的一种专卖凭证），规定了茶的规格和形制。此时，普洱茶已经成为贡品，清政府每年收纳的普洱贡茶，除了供宫廷皇家饮用或赠赐皇亲国戚外，也作为礼品茶赠送给外国使节，视其为代表中国的高级土特产品。

1733 年，“号记茶”开始出现。以同兴号茶庄的成立为标志，各种商号相继产生，如福元昌号、宋聘号、易昌号、陈云号、同庆号、车顺号、江城号、敬昌号等。其中，宋聘号与福元昌号、同庆号、同兴号并称为四大贡茶茶庄。这一时期的主要特征：一是商品意识特别强；二是在加工方面以石模和木模为压制工具，散装型普洱茶已逐渐退出其主导地位，而团茶和饼茶开始主导产品形态；三是商标的品牌标识已强烈凸显，不仅每饼茶内压有内飞，整筒还有大票一张；四是普洱茶已成为进贡皇宫的主要贡品；五是普洱茶经济效益突出，已成为普洱府各族人民的主要收入；六是普洱茶销往境外，促进了当地与境外的经济文化交流。

19 世纪末的清光绪二十年（1894 年），云南全省茶叶销售量已达到 3 万担。此时滇西的其他地区也开始引种大叶种茶。双江勐库的“勐库茶”始种于光绪二十五、二十六年（1899 年、1990 年）；景谷县之“景谷茶”始种于清末宣统二年（1910 年）；顺宁府（今凤庆县）的茶始于光绪三十四年（1908 年）。这三个地区也成为下关茶厂加工沱茶、边销紧茶的重要原料产地。边销茶的兴起促进了当地与边关地区的经济发展和文化交流，提高了当地百姓的生活水平。

民国时期，废除“茶引制”。由于滇茶是大叶种茶，苦涩味较重，耐泡，“能经十瀹”，故为藏族同胞所喜爱。滇茶销藏数量逐年增加，一方面使滇茶产业迅速发展，促进了当地的经济增长和人民收入增加；另一方面由于“茶引制”的废除，使滇茶对外贸易更加自由。

1938 年，“印记茶”出现，红印、

图 13.3　号记茶

蓝印、七子小黄印等皆为此时期的主要产品。“印记茶”的出现使品牌竞争力增强，普洱茶的种类更加精细，茶产业逐渐走向规模化。红印圆茶又称为现代普洱贡茶，始制于1940年范和钧创办佛海茶厂之时。饼茶内正均为红色印记，且茶饼的外纸正面皆印着“八中茶”这一中茶公司的标志。在八个“中”字组成的圆圈图案内，有一个红色“茶”字。在中茶公司所生产的普洱茶品中，冠以“八中茶”标志的且“茶”字为红色者，只有红印普洱圆茶和红印云南沱茶两者，这是空前绝后的。20世纪60年代，根据“黄印圆茶”的拼配工艺，勐海茶厂推出了中茶牌圆茶的替代产品——“云南七子饼”。在“云南七子饼”中，勐海茶厂所制的“红带七子饼”和“黄印七子饼”最具有代表性。“红带七子饼”开始生产于上世纪70年代，以生茶为原料制成；“蓝印七子饼”出现于上世纪80年代，是由轻度发酵的熟茶所拼配。“红带七子饼”在我国的香港、台湾及南洋的华人中，往往被看作“中秋团圆”的象征，以普洱茶饼系茶情、乡情、家园情。这一产品畅销几十个国家和地区，是外销出口的免检产品。绿印圆茶是勐海茶厂上世纪四五十年代生产的茶品，是“红印”圆茶的姊妹产品。勐海茶厂生产的绿印圆茶有早期和后期之分，早期的绿印圆茶也叫作“绿印甲乙圆茶”或“蓝印甲乙圆茶”，早期的绿印圆茶无论在陈香、滋味、茶气等方面都是一流的。后期绿印是指五六十年代勐海茶厂为满足市场需求生产的大批量普洱茶。紫印圆茶是上世纪90年代众多陈年普洱茶产品中知名度比较高的经典配方，其原料是精心挑选的勐海茶区的老茶树，选料优良，所制茶品饼形周正，制作程序严谨。所制的老熟茶，松紧适度，条索规整、显毫，汤色明艳，香气醇和，口感浓醇厚实，具有回甘的特点，为勐海茶厂90年代最具代表性的茶品。

20世纪30年代以后，由于交通条件的改善，使运输时间大大缩短，普洱

图 13.4　印记茶

茶的后发酵过程较难自然地完成。因此，各茶厂开始研究人工陈化工艺，包括20世纪50年代下关茶厂的人工冷发酵、蒸汽热发酵的工艺研究，以及20世纪70年代广东和云南渥堆发酵的研究。1974年，云南茶叶进出口公司在昆明、勐海、下关等地的普洱茶厂试验渥堆发酵技术，渥堆发酵成功后进行了全面推广。因此，在1974年以后，普洱茶有了生、熟茶之分。普洱熟茶发酵工艺的产生使普洱茶实现了规模化生产，实现了普洱茶产品、工艺与市场的良性互动。

1950年之前生产的普洱茶被称作“古董茶”，这个时候的茶并没有包装纸，通常压一张方形糯米纸在茶饼面层上，标明生产者，而这张纸就是“内飞”。内飞是一种用来识别普洱茶厂家、品牌、定制者的标记。由于内飞是压在茶饼里，不像包装纸或者内票容易调换，所以有较好的识别作用。19世纪中期，易武山下有许多茶庄，其中同昌号、车顺号、安乐号等茶庄生产的普洱茶被列为贡品的首选，为了维护茶庄在普洱江湖的地位，首次制作了“内飞”。用一张绘写有图案和文字的纸片，在压茶工序中把纸片放入茶内，在紧压的过程中纸片会与圆茶粘结在一起，不易仿造假冒。清朝后期，私人茶庄如雨后春笋般涌现，于是各茶庄都用自己独特的内飞以示区别。

1976年，云南省茶叶公司召开全省普洱茶生产会议，会议上制订了最初的普洱茶“唛号”规则，当时指定下来的厂商有昆明茶厂、普洱茶厂、勐海茶厂、下关茶厂四个，对普洱茶的花色、品种共制定了18个茶号。我们在购买普洱茶时，经常会遇到一些数字，例如：7663、8582等，这些数字就被称作“茶号”。茶号其实是出口时设定的唛号，其制定最初就是为了方便出口。以五个阿拉伯数字为唛号说明，从左到右第一、二个数字是代表该产品最初创制的年份；第三、四个数字代表原料的级别（紧压茶的编号是四位数，第三位数代表其原料）；第五个数字则代表生产厂商的厂名（1-昆明茶厂，2-勐海茶厂，3-下关茶厂，4-普洱茶厂；紧压茶第四位数代表其茶厂）。

1979年云南省普洱茶出口加工座谈会上制订的关于《云南省普洱茶制造工艺要求（试行办法）》中提出的“普洱茶越陈越香”的理论，对普洱茶的发展起着不可替代的重要作用，并由此引导了一大批普洱茶的消费者。

2008年12月1日，普洱茶国家标准正式开始实施。国标提出普洱茶必须是用地理标志保护范围内的云南大叶种晒青茶制成的，不在地理标志保护范围内生产的茶则不能称为普洱茶。

普洱茶是古人留给我们的宝贵财富，其文化内涵十分丰富。我们要通过追溯她的历史，站在历史与人文的高度上，来更好地了解她、发展她。

二、发展现在——普洱茶的今天

（一）走进生活的普洱茶——“中国式生活”

1. 什么是中国式生活？

几案、水墨画、熏香、折扇、瓷器……这些元素在许多人的印象中大概就是中国风的代表了。而要说它们能在多大程度上真正地反映中国文化，却是一个值得讨论的问题。然而不可否认的是有了这些物什之后，中国风也就被渲染得颇有几分味道了。但是，如我问起，什么是中国式生活，或许很多人需要思索半天而不知从何说起。

“中国式生活”是蕴含在中国人骨子里的一种哲学思想；是传统文化孕育出的一种典雅的生活方式；是一种历经千年洗礼的生活态度。我们此处所说的“中国式生活”在精神层面有以下几个特征：简约、疏朗、雅致、天然。

图 13.5　茶席

简约，即一种自在的生活状态，陆游《幽事》曰：“快日明窗闲试墨，寒泉古鼎自煎茶。”

文人、士大夫摒弃俗务，远离凡尘，清静淡泊的生活追求，构成了他们由奢入俭的生活模式。疏朗，是一种闲适、一种从容的境界和智慧。宋文忠公欧阳修曰：“平山阑槛倚晴空，山色有无中。手种堂前垂柳，别来几度春风。”豁达温愉的气质蕴含在大气倜傥的充实生活中，享受的是朴实无华的岁月，而不是辗转于灯红酒绿间。雅致，不仅仅体现在琴、棋、书、画、品茗等一系列的文人活动中，更是对抱朴守真心灵生活的崇尚回归，正如“无可奈何花落去，似曾相识燕归来，小园香径独徘徊”的娴静婉约的气度。天然，是一种“天人合一”的境界，实现从个人到自然，乃至宏观宇宙的参悟及完善的过程。恰如郭熙《林泉高致》所言：“君子之所以爱夫山水者，其旨安在？丘园养素，所常处也；泉石啸傲，所常乐也；渔樵隐逸，所常适也；猿鹤飞鸣，所常亲也；尘嚣缰锁，此人情所常厌也；烟霞仙圣，此人情所常愿而不得见也。”

2. 为什么在现代社会里人们需要中国式生活？

时至今日，经历过两次工业革命，历史的车轮驶上快速发展的商品经济的轨道。在这样的现代社会里，人们或惜时如金，妄图在更短的时间里创造出更多的价值；或行色匆匆，奔波于一日三餐的养家糊口；或饱食终日，沉浸在科技产品创造的虚拟空间之中；或忙于官场、商场与尔虞我诈的纷争之中，忙得甚至忘记了自我。所以是时候让自己歇一歇了，静下心来去想一想，这是自己想要的生活么？我们是不是应该去捡拾起那过往的“三千年读史不外功名利禄，九万里悟道终归诗酒田园”的“中国式生活”？那么，怎样才能促进我们去践行美好的“中国式生活”呢？且借由一杯茶的接引。

3. 促进中国式生活——与普洱茶结缘

人们对生存的价值和生命的意义有了新的认识后，关爱自己、追求美好的“中国式生活”，便需要一杯普洱茶。随着生活水平的提高，人们从过去的食不果腹到如今肥胖症、“三高”成为常见病，何不饮一杯降压减脂的普洱茶？随着电子科技浸入我们生活的角角落落，它对我们的辐射已经影响到人们的健康，何不酌一杯防晒又抗辐射的普洱茶？随着人们的工作、生活和学习压力越来越大，持久或过度劳累后会造成身体不适及工作效率降低，产生疲劳感，何不品一杯令人轻松抗疲劳的普洱生茶？随着人们生活节奏的加快，许久未见的老朋友可能日渐生疏，何不约来小晤，共品一壶普洱茶？

即便不过多地强调普洱茶的功效，

图 13.6　茶与自然

就着眼于茶本身，我们还可以茶为媒介，在纷繁喧闹的现实社会里来寻求自我内心的宁静与平和。“有味是清欢”，古人的智慧是宝贵的，给我们留下了一份属于过去的“种子”——茶。因此茶在这里就不仅仅是单纯的饮品了，而是一种生动的、活泼的、充满各种情怀的生命和精灵。茶的载体是水，《老子》曰“上善若水，水善利万物而不争”，意思是说，最高境界的善行就像水的品性一样，泽被万物而不争名利。生活的喧嚣和吵闹在茶水的涤荡下慢慢地趋于平和，最终留下的是“不争，回归平和”的境界和中国式的优雅。

（二）中国普洱茶市场现状

1. 普洱茶市场发展现状

在全国 20 个产茶省中，云南茶园种植面积居第一位，是全国茶园面积最大的省份。云茶产业也是云南省最主要的民生产业之一。云茶有普洱茶、滇红茶、滇绿茶、白茶、花茶等花色众多的茶产品，其中以普洱茶和滇红茶为主导产品。2020 年，在中国茶叶公用品牌评选中，“普洱茶”继续被评为中国茶叶区域公用品牌价值十强，品牌评估价值达 70.35 亿元，位居全国第二。2019 年云南省茶叶总产量达到 43.1 万吨，较 2018 年增长了 3.3 万吨，增幅达到 8.3%；其中成品茶产量 33.2 万吨，较上年增长 2.6 万吨，增幅达 8.5%，茶类以普洱茶为主，占总产量近 50%，占云茶产品的半壁江山。2019 年 1-12 月，云南省茶叶出口 7958.57 吨，比 2018 年增加 85.57 吨，增长 12%，占全国出口总量的 2.4%。出口金额 20.2 亿美元，比 2018 年增加 6671 万美元，占全国出口总量的 3.3%。但普洱茶出口仅 2786 吨，比去年下降 6.2%，减少 175 吨，金额 5167 万美元，同比上升 84.2%，2010-2019 年出口量平均复合下降 5.4%，普洱茶出口均价涨幅 96.4%，每吨价格 18.54 万美元。对于目前的市场来说，我国普洱茶市场已经由过度的炒作逐步回归到理性，产品的价格回到本身的价值水平，产销相对平稳；市场逐渐规范，大品牌已经形成，产业结构不断的优化，综合能力也逐渐提升。

2. 普洱茶市场面临的问题分析

普洱茶市场目前存在一些诸如盲目地扩大经营规模，普洱茶市场推广方式与模式老旧等方面的问题。在茶园建设方面，普洱茶的高产优质、绿色和生态茶园的比例较低，茶园的生产能力和生产效益也偏低。按劳动力估算，云南普洱茶的生产大多为小农经济生产，成本较高，生产效率较低。由于茶叶采摘所需的劳动力多，劳动强度大，再加上其他农副产品的价格近几年快速增长以及农民工就业渠道增多等原因，普洱茶的茶叶采工缺乏问题日益突出。

市场竞争方面，目前全国各省市都在加快茶叶产业发展的步伐，加大品牌建设的力度，努力增加市场占有率，形成了茶叶产业激烈的竞争。普洱茶在行业的市场竞争中面临越来越多的专业性问题，具体问题如下：

（1）产品研发投入不足，科研成果在市场中实际应用转化率低

各茶叶企业和茶叶研究机构在科研投入方面普遍滞后于生产、生活实际之需，对普洱茶的系统研究不够，现有科研成果在市场中的应用转化率低。

（2）投放到市场的产品质量安全检测技术有待提高

目前，生产普洱茶的企业以“多、散、小、弱”为主，大型企业有但较少，生产的产品质量参差不齐，产品质量安全检测技术不够全面系统，无法满足茶叶质量安全监控检测的需要，产品的质量得不到保障。

（3）市场保障不健全

普洱茶市场比较混乱，产品的定价缺乏统一的衡量标准，消费者由于缺少

辨识的经验而盲目地进行消费；产品市场准入管理体制还有待完善。

3. 解决方案及建议

（1）提高种植标准化水平

为了弥补茶叶采工缺乏的问题，如何提高普洱茶茶叶种植的标准化水平，推广机械采茶和机械加工，提高茶叶生产效率和质量，已经成为普洱茶产业今后发展的主要方向。另外，云南普洱茶市场供求中茶叶产大于销的局面不可避免，应该引起重视。因此，应适度控制茶叶的种植与发展规模，努力提高单位产值。

（2）紧抓市场战略机遇，塑造普洱茶品牌特色

随着中国—东盟自由贸易区的建立，以及中国面向西南开放桥头堡等政策的颁布，云南省以普洱茶为主导的茶叶产业进入了一个快速发展的时期，应抢抓技术突破和业态创新的战略机遇，加大普洱茶的招商引资力度。政府应引导和鼓励各重点产茶市和县（区）建立各类合作社及生态产业示范区等，如临沧市“绿金产业融合生态走廊”、普洱市“百公里十万亩茶产业链综合示范区”等项目，为实现茶与旅游、文化创意、科技创新等资源共享、渠道共用的新型茶产业发展提供了范例。

云南各茶区应结合自身资源特色，着力塑造地域普洱茶品牌，进一步加大普洱茶品牌宣传的力度，努力提升普洱茶的品牌价值以及产品附加价值。

图 13.7 茶山风貌

（3）发展生态文化旅游，建设美丽茶乡

生态文化旅游作为一种新型旅游形式，逐渐成为一种时尚和潮流。因此，应充分利用云南省的生态、人文、资源优势，以可持续发展为主题，以国内外市场需求为导向，优化结构，主攻品质，打造品牌，开拓市场，加速生产集约化、产品无害化、操作标准化和经营产业化的进程，全面推进普洱茶市场的健康快速发展。

（4）结合民风民俗，打造特色民族茶文化

各地应结合当地民族习俗，注重打造和挖掘民族茶文化的内涵。如普洱、临沧及保山昌宁以千年古茶树为重点举办祭“茶祖”活动，融入民族文化元素，不断提升品饮普洱茶的茶艺、茶具及茶品包装等，着力打造独具特色的普洱茶文化；以“古树茶”热而兴起的茶山自驾游更是一道茶区的亮丽风景线。

（5）结合多种金融模式，“互联网 +”市场前景广阔

普洱茶可与金融保险、证券期货、电子商务等新兴业态相结合，使普洱茶发展的步伐更加紧跟时代发展的主题。如以“互联网 + 普洱茶产业”的模式，利用信息通信技术以及互联网平台，让互联网与普洱茶产业进行深度的融合。推广和应用普洱茶产品电子商务，充分发挥互联网在普洱茶产业资源配置中的优化和集成作用，进而提升普洱茶产业的创新力和生产力，形成更广泛的以互联网为基础设施和实现工具的经济发展新形态。

（6）培育龙头企业，谋求市场战略突围

普洱茶产业需要培育和引进一批大企业集团，为普洱茶产业构建出一个以标准化为核心的现代工业体系，改变目前“大资源小产业”的局面，最具可行性的选择就是通过推进龙头企业培育，在大企业的带动下谋求战略突围，进而推动整个云南普洱茶产业完成转型升级。

4. 普洱茶消费市场发展趋势分析

（1）普洱茶市场年轻化

目前，茶叶消费群体年轻化趋势更加明显，80 后、90 后人群逐渐成为消费的主力。此外，随着越来越多的茶企业进入资本市场，金融对茶产业发展的影响在不断地增强。推动云茶继续稳步快速地发展，应该更多关注这些新情况、新势头，用好资本市场的正向力量。

（2）普洱茶市场国际化

21 世纪，随着我国加入 WTO，在世界经济一体化的背景下，茶叶出口拥有更广阔的国际市场。自 2002 年以来，我国茶叶出口始终呈增长的大趋势，茶产业地位不断提升，人们对茶行业的认识也有很大提高，这些因素促进了茶产业的发展，提高了茶叶的经济效益，推动了茶叶出口贸易的发展。茶产业是云南省的传统优势产业，是云南农村经济的重要支柱，在云南社会经济中具有特殊的地位。一方面，茶产业是关乎衣食万户的产业，云南的茶产业共涉及 108 个县，参与种茶、制茶、售茶的人口有 1300 多万人，占到了整个云南省人口的四分之一；贯穿于第一、二、三产业，云南茶产业的发展关系到云南社会经济的整体发展。另一方面，茶叶是云南出口创汇的大宗商品，有着其他作物和产业不可替代的重要作用。当前，云南茶产业正面临历史上前所未有的发展机遇，国家实施“一带一路”的战略，中国—东盟自由贸易区的建立，都为云南茶贸易的发展提供了大好机会。尤其最近这些年，云南茶叶中的特有品种——普洱茶的发展势头迅猛，由于受港澳台市场的影响，国内的普洱茶热异常火爆，并且这股热潮带动了普洱茶的出口。在东南亚市场、欧洲市场和美洲市场，普洱茶都受到了广泛的欢迎。在世界茶叶贸易日趋激烈的竞争中，普洱茶的出口具有明显的竞争优势。因此，面对这前所未有的发展机遇，应推动云南普洱茶进一步扩大出口，提高出口创汇能力，提升普洱茶的国际竞争力，这些措施对云茶产业的发展具有重要意义。

（3）普洱茶市场金融化

如今的普洱茶市场，很多茶已经呈现出了期货的属性。一些茶还没有生产出产品的时候，就已经出现了预售的价格，等到该款茶正式上市之时，其开盘价格可能会高于预售价格，也可能会低于预售价格。而对于买了普洱茶“期货”的人来说，是亏损还是盈利，几乎完全取决于其对市场的把握。而每一款茶正式上市之后，又会呈现出诸如“股票”的属性。市场上的众多商家、投资者乃至一些资金实力雄厚的个人茶客，都会如炒股票一样地紧紧地“盯市”，时刻关注着某一款或者某几款普洱茶价格的波动。

（4）普洱茶收藏市场

“越陈越香”和“存新茶喝老茶”这两个理念是普洱茶收藏市场的核心。收藏市场的兴起一部分原因是源自于那些惜茶的茶友，他们由于对普洱茶的喜爱而收藏。也有的是部分茶商大量囤积普洱茶，再等待普洱茶市场出现繁荣、老茶稀缺而价格走高后卖出去。

（三）外国人眼中的普洱茶

彼时，通过茶马古道，在汽笛和驼铃声中，普洱茶慢慢地走进了外国人的视野；如今，“一带一路”使得普洱茶更

图 13.8　国际茶日

便捷地流向国际市场，越来越多的外国人接触到茶，爱上茶。

普洱茶传到俄国，俄国作家列夫·尼古拉耶维奇·托尔斯泰把其写入小说巨著——《战争与和平》中。普洱茶传到英国，英国流行的《茶歌》中唱道：“让我们唱来把茶夸，让我们想那好生涯。那片刻之欢，永远轮不到咱，给咱一杯普洱茶。”普洱茶传到了法国，法国人在饮用普洱茶的过程中发现了普洱茶既可作为饮料又可作为药用。特别是普洱茶助消化、减肥去脂的效果引起了法国妇女的兴趣，她们把普洱茶称为“刮油茶”、“消瘦茶”。她们说：“你要外形美吗？那就得喝普洱茶。”普洱茶向东传到日本，日本将普洱茶加工成精美的小包装茶，他们用“贵妃茶”、“健美茶”、“美容茶”、“益寿茶”等牌名和美称投放到市场，颇受大众的欢迎，普洱茶在日本被称为“不可思议的茶”。现今不少西欧国家还把普洱茶放于药店和百货商店的美容化妆品中出售，甚至将其做成工艺品在自家摆设。

许多外国人对中国的普洱茶和普洱茶文化很感兴趣。自从 1993 年 4 月以来，先后有日本、韩国、缅甸、老挝、新加坡、泰国、马来西亚、印度尼西亚、美国、加拿大、德国、荷兰等国的专家、学者与茶人应邀来到云南思茅地区参加“中国普洱茶国际学术研讨会”和一至六届的“中国普洱茶叶节”以及具有民族特色的茶文化参观与考察。在海外报刊上，泰国的《新中原报》于 1993 年 4 月 15 日刊载《云南思茅地区是世界茶叶原产地中心地带》的报道，菲律宾的《世界日报》在同年 4 月 16 日刊载《云南思茅山区 = 世界茶树发祥地》的报道，日本的茶学家松下智先生多次到普洱市思茅区和西双版纳傣族自治州考察，并在其著作《中国名茶之旅》、《中国之茶》中向日本读者介绍普洱茶及历史悠久的

图 13.9　普洱茶工艺品

图 13.10　外国友人泡茶

图 13.11　离天空最近的茶园

普洱茶文化。美国加州英文刊物《纳西通讯》于1993年第二期刊载美国学者娄扬丹桂女士来到思茅地区出席普洱茶国际学术研讨会的感想，并介绍了研究会论文的要点和澜沧邦崴古茶树的照片，这份刊物已传送到英国、加拿大、瑞士、印度、尼泊尔、日本、葡萄牙等地。印度《阿萨姆评论》英文刊物于1993年第四、五两期，连续刊登了联合国开发署的茶叶官员、华南农业大学丁俊之教授的英文文章《普洱茶特色》。1995年夏，泰国在清莱举行泰国、中国、老挝、缅甸“四国文化艺术节”，云南思茅地区普洱茶艺表演队也应邀参加，进行了精彩的普洱茶艺表演，这些表演受到东南亚友人的欢迎。这对普洱茶文化的传播也做出了一定贡献。

2013年习近平主席在出访中亚和东南亚各国期间，先后提出了共建“丝绸之路经济带”和“21世纪海上丝绸之路”的战略构想，即“一带一路”战略。“一带一路”的提出是在亚洲各国经济文化交流日益密切的形势下，审时度势、高瞻远瞩的智慧构想。这一战略的实施不仅能够深化亚洲各国之间的合作，还能够统筹国内国际的发展，同时也为我国西部大开发和对外开放拓展空间，为普洱茶及悠久茶文化的对外传播创造了历史的新机遇。

在G20杭州峰会期间，习近平主席同奥巴马总统在杭州西湖国宾馆会晤。交谈期间，习近平主席正式邀请奥巴马喝了一次中国茶。峰会期间，哈萨克斯坦第一副总理萨金塔耶夫一行人到访了中国茶叶博物馆，并笑着说他曾收到过友人赠送的普洱茶饼，从外形到口感都令人印象深刻。

2019年11月27日，第74届联合国大会宣布每年5月21日为“国际茶日”，是以中国为主的产茶国家首次成功推动设立的农业领域国际性节日，彰显了世界各国对中国茶文化的认可。这将有利于中国同各国茶文化的交融互鉴，推动茶产业的协同发展。

外国人对于普洱茶的不同认识，或许是因为文化上的差异，使得他们没有追求仪式感、神圣感，没有攀比炫耀的心理，只是单纯地喜欢热爱。外国人除了喜欢喝，有的还颇具钻研精神，若是喝得进去的，则学习精研的态度大都端正。一壶茶浓缩着的不仅是茶的工艺和艺术，更是中国的哲学与处世方式。所以，普洱茶可以是外国人小窥中华博大文化的门径，是中西方文化交织与相融的符号象征，更是茶文化在世界范围传播的友好使者。正是因为普洱茶的对外传播，使更多的人知道中国的茶，中国的普洱茶。

三、展望未来——普洱茶的明天

（一）普洱茶未来发展之路

随着消费市场的理性回归，普洱茶消费人群的多元化，传统普洱茶消费市场，越来越关注特色普洱茶产品，而如何凸显产品特色，深度挖掘普洱茶的细分市场，成为占领市场的重要筹码。未来普洱茶市场将往以下几个方向发展：

1. 风味普洱

即通过加工工艺及特定的技术，增加或减少普洱茶的某些风味物质，使其口感和香气发生变化，形成特定风味。

具体来说是指利用普洱茶发酵过程中的优势菌种，研制发酵剂，控制普洱茶的风味。包括单一菌株发酵、组合菌株发酵等等。

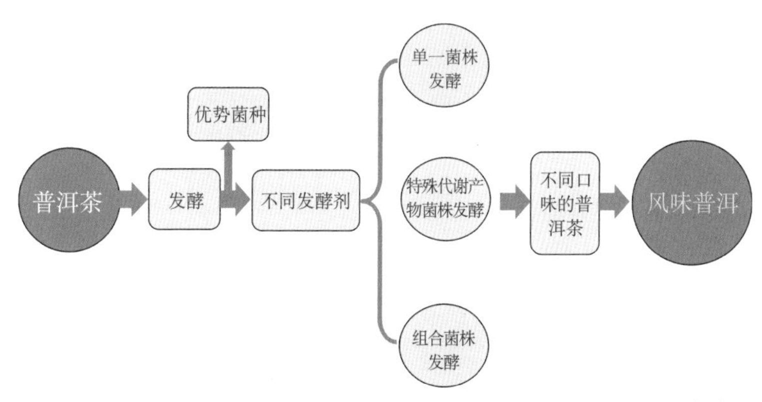

图 13.12　风味普洱

2. 功能普洱

从营养功能角度，研究普洱茶的保健功效及其具有保健功效的物质基础；从功能物质角度，开展含功能物质普洱茶的研究，从而研制出具有某种突出功能特性的科学普洱茶及特色普洱茶。如富含洛伐他汀的普洱茶——LVTP 普洱茶，具有降血脂的效果；富含γ-氨基丁酸的普洱茶——GABA 普洱茶，具有降血压的功能，以及其他功能普洱茶等等。

功能普洱茶的发展，符合当代人对饮茶功能化的需求，是当前大健康时代健康茶饮料发展的趋势。

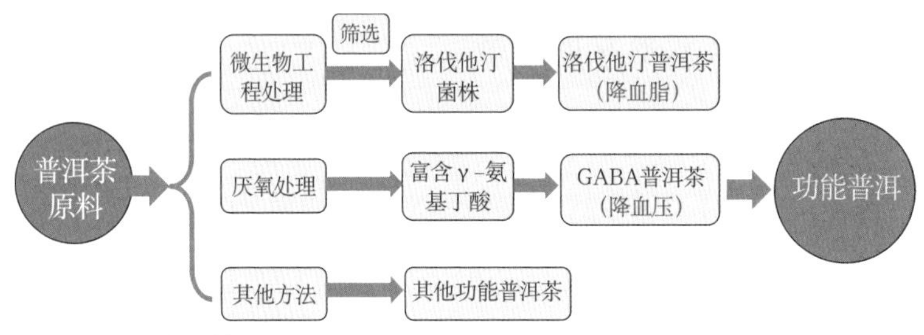

图 13.13　功能普洱

3. 数字普洱

普洱茶形成独特滋味和口感，其加工技术对其产生的影响极为重要，从发酵到仓储，普洱茶内含物质的变化都时刻影响着普洱茶的质量和品质。

数字普洱是通过普洱茶发酵设备创新，达到控温、控湿、控微生物的目的，从而实现普洱茶加工以及仓储过程中的可控化、

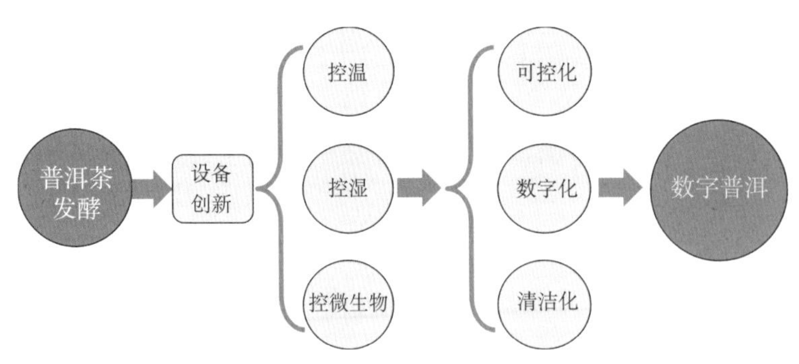

图 13.14　数字普洱

清洁化和数字化。这一系列的技术要求的形成，离不开现代化、数字化的技术手段，如双层保湿转动式普洱茶发酵罐、普洱茶清洁化发酵车间以及普洱茶发酵过程中的无线控制系统等等，只有通过这些技术手段的数字化控制，才能形成普洱茶更优质的品质。

4. 科学普洱

科学普洱是将传统概念的普洱茶，经过科学、系统地研究和开发，使其功效进一步明确、工艺进一步改进、产业进一步升级，形成标准化、数字化、规模化、品牌化、可追溯化的普洱茶研究、开发、生产和营销体系。

科学普洱的主要任务和目标是以农业普洱为产业基础，以文化普洱为内涵积淀，以科学技术发展为动力，加强普洱茶基础研究、功效开发和工艺改造，通过技术改造和工艺改进促进产业升级，使普洱茶的生产实现数字化和标准化，打造大健康、规模化的普洱茶产业。

5. 人文普洱

是以科学普洱为前提，把文化普洱、艺术普洱、科技普洱、健康普洱系统升华，根据消费者的个体差异或口味调配不同成分、不同香型的产品，服务是个性化的，人文关怀也是个性化的，以此将形成普洱茶的生活方式，在人文普洱发展形态上，完成普洱茶作为物质产品和精神产品的完美结合。在民族茶文化优势转化上进行引导，将自然、科学、文化、旅游观光及产品优势整合并转化为市场消费的驱动力。

6. 智慧普洱

通过以茶叶生产链为基础，信息技术为核心，创建“从茶园到茶杯”全过程链的质量可追溯体系，实现“源头能控制，过程可追踪，质量有保证，安全可追溯”的全产业链体系，以茶叶质量安全促进茶产业繁荣健康、可持续地发展。

同时，应用现代物联网、云计算技术，生成每一个产品的自己唯一专属的

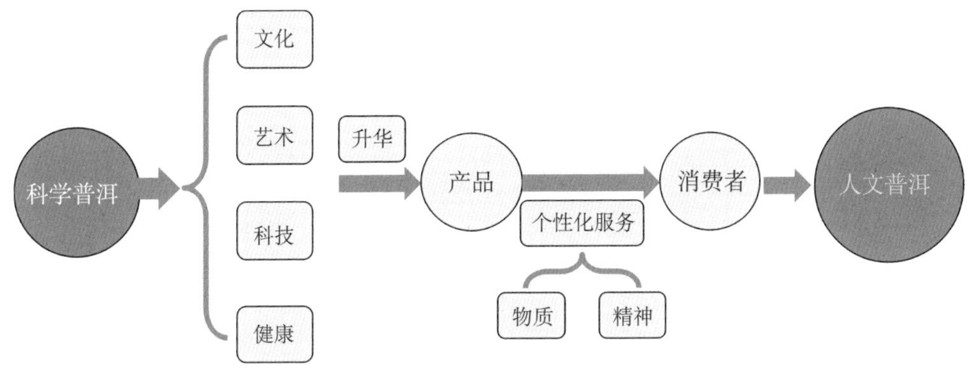

图 13.15　人文普洱

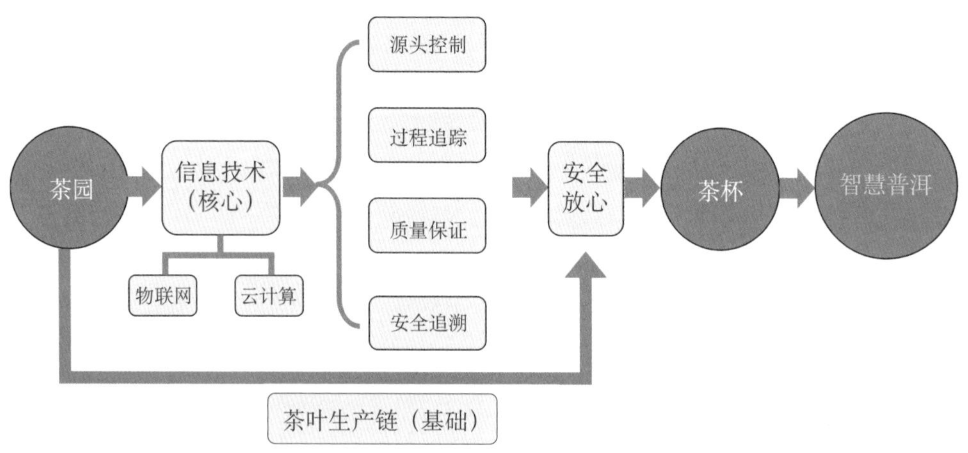

图 13.16　智慧普洱

“智慧金叶”质量安全追溯标签，实现一个包装追溯标签对应一个批次的产品，成为保证产品质量安全的“二代身份证”。通过“智慧金叶”追溯标签，实现农产品从种植基地、加工基地、仓储基地与销售流通等全生命周期的可视化监控，同时通过权威检测机构对产品进行感官审评与理化分析鉴定，并出具“数字云茶产品证书”，让消费者放心获取和消费安全优质的可追溯产品。同时追踪产品流通环节，获取产品的销售数据和反馈信息，建立大数据中心，指导企业生产营销。

再把风味普洱、数字普洱、功能普洱、科学普洱“统筹”结合，加上茶叶质量安全追溯系统，真正实现“互联网＋智慧普洱”的现代管理模式，让人们可以喝上质量安全可追溯、信息化的健康优质普洱茶。

7. 养生普洱

云南作为普洱茶的主产区，其独特

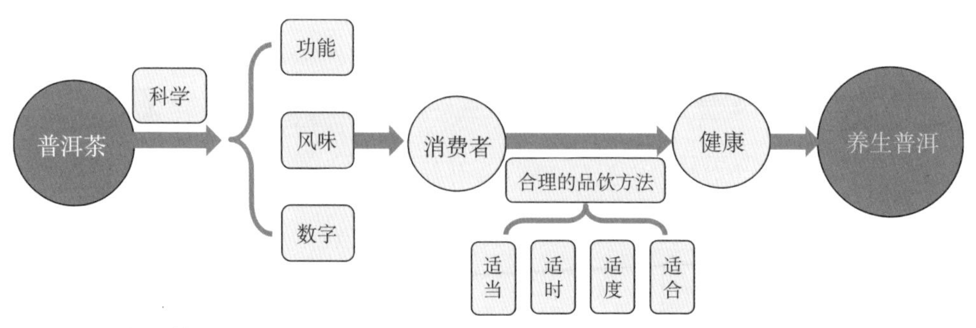

图 13.17　养生普洱

的地理位置及气候环境，为普洱茶的品质特征提供了保证。云南各大茶山自然环境优美，在生产种植方面带有天然的绿色标签，普洱茶生长在这种环境下，必然会在不久的将来成为绿色健康的代名词。

云南特殊的气候条件造就了云南特有的绿色健康的普洱茶饮品。普洱茶的发展，从茶园到茶杯达到标准的科学化程度，形成茶园到茶杯的安全性、风味性、数字化、功能化特点的普洱茶。产品从栽培到加工，经过完善的标准化加工程序，最终形成商品到达消费者手中。消费者按照适当、适时、适度、适合的冲泡方式饮用普洱茶，达到健康品饮的目的，形成普洱茶未来发展的新趋势——养生普洱。

（二）普洱引领绿色健康

自十八届五中全会以来，习近平总书记提出“创新、协调、绿色、开放、共享”五大发展理念，将绿色发展作为关系我国发展全局的一个重要方针，体现了我们党对经济社会发展规律认识的深化，将指引我们更好实现人民富裕、国家富强、中国美丽、人与自然和谐，实现中华民族永续发展。

1. 绿色食品

绿色食品是遵循可持续发展原则，按照相关的绿色食品标准生产，经专门的机构认定，许可使用绿色食品商标标

图 13.18　有机食品标志

志的无污染的安全、优质、营养类食品。分为 A 级和 AA 级食品，A 级绿色食品严格按照无公害食品要求进行规定，规定食品的环境质量和农药使用残留的限量标准；AA 级等同于有机食品。这种等级的划分，在茶树的栽培以及茶园农药施肥管理等方面可作为依据。

按照绿色食品的特定生产方式，符合绿色食品的有关标准、规定以及生产操作规程，经申请检测获得批准使用绿色食品标志的茶叶产品，是无污染、安全、优质的茶叶产品。

普洱茶作为一种健康饮料，人们在购买品饮的时候越来越关注绿色健康，这也符合当代中国经济发展的大趋势，成为当今时代的主流。当前，生态的、有机的茶叶正越来越受到人们的关注。茶叶在种植栽培过程中的有机化、生态化程度不断加深，逐渐向绿色健康食品方向发展，这也促成了如今普洱茶茶园管理的发展方向，即有机茶园。

2. 有机茶园

有机茶园，要求符合有机农业生产

图 13.19　有机茶园

体系，采用有机方式进行管理的符合天然产品要求的茶园，其茶园管理应当是依据有关有机茶相关标准进行实施，且形成的产品能够通过独立的有机食品认证机构认证。

目前，普洱茶生产过程中以有机茶为目标，当地各政府及茶企业部门不断改善相关茶园环境使其逐渐朝着有机的方向靠拢，要求有机茶产地远离城市、城镇、居民生活区、工矿区、交通主干线、工业污染源、生活垃圾场等，水土保持良好，生物多样性良好，远离污染源，具有较强的可持续生产能力。

有机茶在肥料的使用上多以有机肥为主，配以合理的茶园间作作物，从而在提高产量的同时又能提高普洱茶的品质。在病虫害防治方面从品种的选择开始选择优势品种，配合茶树修剪、诱杀、除草等技术手段，还可以利用生物天敌之间的互相遏制的关系，对茶园病虫害进行防治，既减少了农药残留，又能保证茶园的生产效益，符合当前绿色健康食品发展的方向和技术措施。

近年来，我国在食品安全追溯方面研究出了较多的成果，普洱茶作为健康安全食品，建立了完善的云茶追溯系统，规定了普洱茶“从茶园到茶杯”的整个过程的追溯系统，实现了对普洱茶的安全可控，引领现今时代的绿色健康的饮茶方式，使人们喝得舒心、品得放心。

未来云南普洱茶的发展必将引领绿色健康的发展，成为当前人们生活中饮茶文化中最美的音符。普洱茶将朝着风味普洱、功能普洱、数字普洱、科学普洱、人文普洱、智慧普洱的方向前进，同时结合现代健康产品可追溯的技术，不断发展创新，创造出有利于人们健康的绿色茶饮品。

● 延伸阅读

普洱茶的可追溯体系

近几年来，我国茶叶不断曝出质量安全问题。面对质量安全问题，政府企业却鲜有能力回应，根本在于茶叶质量可追溯系统的不健全。普洱茶可追溯体系的构建主要是通过自动识别技术将实物流与信息流结合起来，利用网络技术完成信息在供应链各环节之间的传输与信息发布，最终达到跟踪和溯源实物的目的。消费者可通过信息平台查询产品细节，消除购买疑惑，放心消费；企业则能够有序跟踪、有序管理，在生产中加强品质监控，时时改进，不断提升产品质量与品牌形象，同时在管理上也上升到一个的台阶，即数字化管理、规范管理，大大提升了管理效率，降低了管理成本，并提高了风险预警能力；经销商通过追溯体系可随时了解产品销售动态，掌握市场信息，及时作出市场调整；管理部门利用可追溯体系，可实现轻松管理、高效管理，既能准确了解产品来源与去向，出现问题时也能快速查明问题原因并作出决策，找到事故责任人并追回不良产品，树立管理部门的权威。

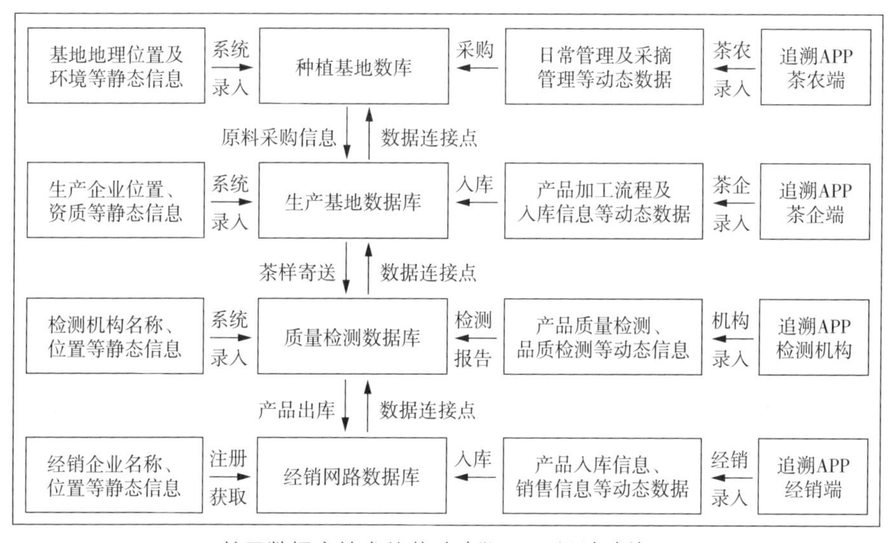

基于数据库技术的茶叶追溯 APP 设计路线图

普洱茶可追溯体系核心功能

第十四篇

仁者见仁、智者见智——茶里茶外谈普洱

仁者见仁，智者见智，茶里茶外谈普洱，求同存异，乐在其中。

普洱茶从茶园到茶杯的文化核心内涵就是在返璞归真中达到人与自然的和谐统一。不同职业、不同爱好的人们对普洱茶有着不同的认识，通过不同的视角了解丰富多样的普洱茶，感受普洱茶所富有的独特魅力。

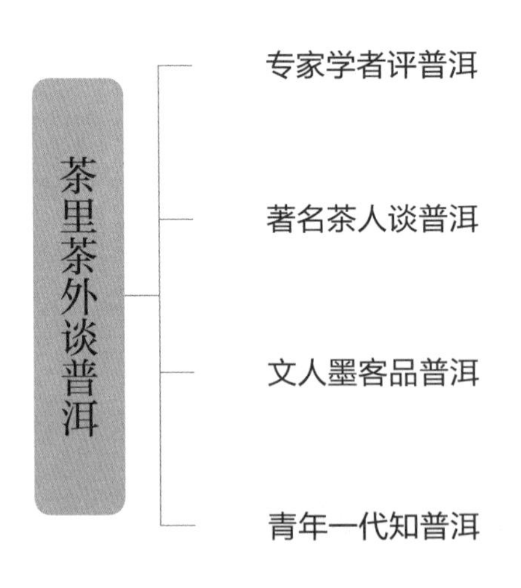

一、专家学者评普洱

云南是中国开放历史最悠久的地区之一。近年来，云南正在朝着开放层次更高、开放领域更广、与亚洲和世界联系更密切的方向大步前进。普洱茶在云南的发展以及“一带一路”建设中发挥着举足轻重的作用，积极推动着经济的发展与文化的传承，是中国同世界人民相互交流的桥梁。

云南普洱茶历史悠远。深厚的文化底蕴、显著的养生功效，醇厚甘滑的品质，使得普洱茶深受人们的喜爱。与其他茶类相比，普洱茶在种植、加工、品质、汤色、品饮及保健功效等方面都具有诸多的独特性。

陈宗懋院士：普洱茶是一种后发酵茶，在微生物参与发酵的过程中，茶多酚等成分的含量大大降低，因此普洱茶冲泡出来看着很浓，但喝了却不会影响人的睡眠。普洱茶的确具有很多保健功效，比如降血脂、降血压等。尽管绿茶、红茶也有这些功效，但普洱茶相比更加显著。这些都是得到了科学证实的。但普洱茶毕竟只是一种具有保健功能的饮料，它能防病，但不能治病，消费者如果当药吃就不对了。普洱茶为什么在保健功能上优于绿茶、红茶？是什么成分在起作用？目前还没有结论，还有待进一步研究。关于普洱茶功能性成分的问题，国家很重视，如今正在专门立项研究。

张顺高研究员：普洱茶是世界上的一个大茶类，产自中国云南，年产八九万吨，行销全中国和世界，以其保健功效独特，形态多样，民族文化深厚，赢得了广大消费者的推崇。

普洱茶被誉为“能喝的古董”。像酒一样，普洱茶也要经过一段漫长的陈化时间。普洱茶从古至今都有着“祖父做茶，孙子卖茶”的传统，老一辈所创造的口味随漫长的陈化过程日臻完美，把优质的普洱茶留给后代去检验、去享受。

台湾茶人邓时海先生将普洱茶的特性概括成八个字——香、甜、甘、苦、涩、津、气、陈。

陈韵是普洱茶特有的品味和意境。陈年普洱浸润着岁月的香气，在它的浓酽和醇厚中，贮藏了时间的重量，存放越久普洱茶香越醇。随陈化期延长，品质也越来越佳，价值也随之提升。

丁俊之教授用"和美"二字诠释他眼中的普洱茶，即"和谐健康，美的享受"，堪称"和谐普洱，生态普洱，妙曼普洱"。

云南普洱茶有得天独厚的优越性，恒久的传统魅力，旺盛的生命力，感染了老一代，影响新一代，普洱茶之美，是原生之美、原本之美，是大自然的馈赠。

岁月荏苒，普洱茶渐渐地走进人们的生活。不仅仅是中国内地，港澳台地区和外国友人也非常喜爱普洱茶，普洱茶正在走向世界、融入世界。

台湾茶文化协会理事长陈怀远先生叙述道：随着品茗会不断举行，茶文化不断提升，正确普洱茶信息透明化，台湾民众对普洱茶的知识了解越来越多，对于饮茶质量也将相对提高，品种优良的大茶树（古树茶）将是台湾普洱茶界的宠儿。

现今普洱茶在台湾市场销量较大，许多爱茶者将普洱茶视为收藏品购买珍藏。

姜育发教授讲述道：在韩国，大家是喜欢普洱茶的，他们需要的是正宗的、高品质的普洱茶。

2004年以后，普洱茶在韩国的知名度越来越高。良好的口碑、香醇的味道深受韩国人钟爱，兼具保健与养生效果的普洱茶在韩国有着巨大的市场。韩国人对普洱茶十分重视，认为它是中国茶的代表。韩国人喜欢喝有年份的普洱茶，收藏普洱茶的风气也很盛。

"养生保健"是当今时代的主题。清人赵学敏在《本草纲目拾遗》云：普洱茶性温味香，解油腻牛羊毒。虚人禁用，苦涩逐痰下气，刮肠通便。茶膏黑如漆，醒酒第一，绿色者更佳，消食化痰，清胃生津。膏能治百病，如肚疼受寒，用姜汤发散，出汗即愈。《滇南见闻录》、《百草镜》一些书中均有关于普洱茶功效的记载。现代医学研究表明，普洱茶叶中儿茶素具有抗衰老的作用，还具有降脂减肥、降压、抗动脉硬化的作用。

云南农业大学周红杰教授曾说：微生物创造了神奇的普洱茶，普洱茶是生物饮品，是当今最佳的养生佳品。云南的天、云南的山、云南的人民造就了普洱茶。云南普洱茶原料品种优异，生态环境优越，加工工艺独特，储藏转化奇妙，物质来源丰富多样，形成普洱茶养生的物质基础。

中国人喝茶养生的传统流传了几千年，在所有茶类中，普洱茶养生保健功效有目共睹。品饮普洱茶的愉悦精神作用与其内容成分发挥的营养保健作用交织在一起，让普洱茶散发出迷人的魅力，经久不衰。

浙江大学王岳飞教授曾评价，普洱茶是老少皆宜、不可多得的保健饮料之一，是安全的、绿色的、放心的饮品。

爱尔兰国立大学经济学教授迈克奇（European Union and the Potential Impact of Brexit by Michael Cuddy，Professor of Economics National University of Ireland，Galway，Ireland）访问周红杰名师工作室数字云茶平台，体验云南普洱茶之美。他在品饮普洱茶时，感慨地说："我在中科院植物园百草园看到各类植物时，询问哪种草药可以让人健康长寿，没有得到满意的答复。但，当我来到这里邂逅了神奇的普洱茶，我心底的疑问找到了完美的答案。普洱茶——天赐养生妙品。"

二、著名茶人谈普洱

云南优质的地理环境，创造了神奇的普洱茶，赋予了普洱茶强劲的生命力。神奇的自然发酵过程使普洱茶内质独特。历经沧桑的普洱茶，底蕴深厚的普洱茶文化，新时代焕发出全新的文明光辉。

现今的普洱茶走出云南、走出中国，成为人们熟知的一个茶类。品饮普洱茶，就是在品味人生。普洱茶香气陈醇、回味微甘、不急不燥、不温不火，像一位睿智的老者，让人尊重。普洱茶恬淡温婉、耐人寻味，茶汤红浓明亮而不妖艳，如同一位通情达理的知己，静静地陪伴着你，听你诉说。不同的人、不同的时间品味普洱茶会产生不同的情愫。

改革开放后，普洱茶与众多国内的名优茶进入了快速发展的历史辉煌时期。从农业普洱到文化普洱、科技普洱再到人文

茶人谈普洱茶

云南省茶协会前会长张宝三用"普洱一叶盖环宇"概况了他对普洱茶的诠释。

陈永堂先生认为，"冲一泡普洱茶，从始到终可让人品出不同味道，就像人生百味"。

云南国辉神农茶业有限公司医董事长丁云国先生讲普洱茶："创新文化——少讲越陈越香，多讲养生保健文化，数据说话。调结构——增加名优绿茶、红茶比重。转方式——开发时尚、方便、快捷的泡袋茶品，一根细绒通向世界。促消耗——稳定提高产品质量，好喝。走基层——高手在民间，常做经验交流。"

普洱，普洱茶的发展日新月异，令人鼓舞。

随着生活水平的提高，人们对普洱茶的喜爱不仅仅体现在品饮上，而且对普洱茶文化有了更高的追求。如今，普洱茶文化经过时间的历练已跨越国界到了海外，逐渐传播到全球人民中去。传统普洱茶文化的自觉自信是发展普洱茶的重要支撑点，是致力于文化建设与经济建设的重要动力。

三、文人墨客品普洱

茶叶生命之火燃起的地方是普洱茶的故乡。巍峨大山和滔滔江河赋予她灵秀的气质，千百年民族文化的陶冶和与时俱进的发

现代名家谈普洱茶

著名文化学者余秋雨先生笔下的普洱茶像神话一样美丽，令人向往："这一种，是秋天落叶被太阳晒了半个月之后躺在香茅丛边的干爽呼吸，而一阵轻风又从土墙边的果园吹来；那一种，是三分甘草、三分沉香、二分当归、二分冬枣用文火熬了三个时辰后在一箭之遥处闻到的药香。闻到的人，正在磬钹声中轻轻诵经；这一种，是寒山小屋被炉火连续熏烤了好几个冬季后木窗木壁散发出来的松香气息。木壁上挂着弓箭马鞍，充满着草野霸气；那一种，不是气息了，是一位慈目老者的纯净笑容和难懂语言，虽然不知意思却让你身心安顿，滤净尘嚣，不再漂泊；这一种，是两位素颜淑女静静地打开了一座整洁的檀木厅堂，而廊外的灿烂银杏正开始由黄变褐。"

作家蔡澜声称自己特别爱喝普洱茶："刚开始是因为，来到香港，人人都喝的关系，不过普洱茶是全发酵的茶，一般货色有点霉味，我找到了一条明人古方，调配后生产给友人喝，大家喝上瘾来直向我要，不堪麻烦地制出商品，就那么糊里糊涂地成为茶商。"

展给予了她深沉而精妙的内涵。不知有多少文人雅士与普洱茶结缘，他们爱她、颂她、品她，谈笑风生之间为普洱茶留下了一篇篇馨香的文字。

在明代，普洱茶作为专有名词载入书籍。清代雍正年间，普洱茶被列入向皇帝进贡的贡茶。乾隆皇帝曾为普洱茶写出“独有普洱号刚坚，清标未足夸雀舌。点成一椀金茎露，品泉陆羽应惭拙。”的诗句，可见其对普洱茶的喜爱之情。

唐代樊绰写的《蛮书》，宋人李石在《续博物志》中都对普洱茶有所提及。清阮福的《普洱茶记》，传播岁月普洱的奇妙，书载：“普洱茶名遍天下。味最酽，京师尤重之。”全文800字，系统地介绍了普洱茶，从产地分布、采摘时令、产品名称、制作标准、成品重量到形式都有涉及，成为普洱茶乃至中国茶史上著名的经典文献。

普洱茶的美很奇妙，带给我们一种特别的生命姿态。当你疲于生活的琐碎与忙碌时，接近普洱茶，会让你感受到温暖，会使你对自然有所感悟，对真善美有所阐解、对生命有所躬亲。

四、青年一代知普洱

不同年龄段对生活的感悟不同，对普洱茶的感受也不相一致。青年一代个性张扬，竞争意识强，开放，接受新鲜事物的能力非常强，似乎有一种探索的精神，对事物都有一颗好奇的心，并且敢于尝试，去挑战，去接触新的事物。

经过了多年的风雨，如今的普洱茶已经从名不见经传的“老人茶”成为老、中、青年消费者都喜欢饮用的时尚茶。现在越来越多的年轻人也开始注重饮食的健康，慢慢接触普洱茶，品饮普洱茶。很多年轻人把杯中的咖啡换成了普洱，饮用群体愈来愈年轻化，“早起开门七件事，柴米油盐酱醋茶”的生活也在慢慢地回归。

青年学人谈普洱茶

李亚莉博士："普洱生茶，如天行健，任你揉之晒之，他皆不嗔不怒，终不悔自强向上之志。普洱熟茶，似地势坤，任你潮之堆之，她亦不喜不乐，但求问心无愧于天地。普洱之味、一杯茶汤，不畏风云变幻，不惧人情冷暖，万千法门，缘在其中。"

普洱茶传承千年至今，蕴含时光味道，饱含世态炎凉、尝尽百味人生，云淡风轻却温润依旧。普洱茶在漫长的时间长河中，雕琢细节，成为历史的文物。在岁月中保留这一份纯净与质朴，展现生命的艺术，被人们所尊重！

刘本英研究员："云南拥有丰富的茶树种质资源，得天独厚的地理条件，造就了云南普洱茶独特的品质。云南普洱茶是全民的、健康的。"

艺福堂创始人李晓军从小就喜欢喝茶，他热爱茶。从艺福堂创立至今，他一直坚持为爱茶的朋友提供好喝的、高品质的茶。为了寻找一杯好的普洱茶他曾翻过13座山头，充分地进行调研。他认为：普洱茶是安全的，好喝的，也是我们顾客喝得起的茶。

普洱茶从传统的生产模式中走出来，走向科学，走向大众。风味普洱、数字普洱、科学普洱是未来普洱茶的发展方向。一款好的普洱茶必须具备"优质的原料"、"精湛的工艺"、"科学的存放"三个条件，并且必须可追溯，让人喝得明白、喝得安全、喝得放心。

研究生薛晓霆："普洱茶最迷人的地方，不在于她能带来多少财富，而在于她不停歇的变化。比四季交替繁复，比花开花落美妙。"

普洱茶时时有发展，杯杯味不同。烧水、取茶、温壶、泡茶，简单却不平凡，宛如生活，循序渐进，富有层次，没有尽头，给人留下无尽的想象空间，让人去追寻，去向往，去渴望。

研究生苏丹："每个人心目中都有一块属于自己的领地，每当痛苦失望或消沉时，就需要舒缓情绪寻找内心的平静和安慰，这块藏在每个人内心的土地，就是"神秘园"。几年来，我已经找到了我的神秘园——曼妙普洱茶。阳光在一扇明净的落地窗前打落，在琉璃匀裂的地板上留下斑驳的身影，如普洱茶历史的容颜，星星点点的斑痕，却蕴留无限深情：茶叶一片，水晓得它的真情何在；茶味一抹，水知道它的温柔与细腻；茶杯一盏，水明白它的光阴故事。”

普洱茶的沉静、醇厚、不拘世俗的品性，随着光阴流转融入你的生活，使你对未来充满希望，无论在怎样的环境里，都不会虚度光阴，更不会透支年华。此时的普洱茶便成了你的过往。于指尖，于发梢，那悄然逝去的光阴，从茶水中轻轻泛起。

研究生潘芝涵：“美丽的七彩云南，孕育了神奇的普洱茶。是它将充满灵性和优美的姿态展示给我们，是它给予我们快乐健康和美的享受。我的生活已经离不开普洱茶，即使处在闹市，也能感受它给我传递来的那一份来自大自然的清雅幽静！让我们静下心来，放下苦闷，一起享受普洱茶给我们带来的感动与美好！”

现在年轻人的生活压力非常大，工作之余泡一壶普洱茶，让疲于奔波的心静谧下来，洗去日间的浮华，似轻风细雨喜上心头，为之感怀，倾听普洱茶，品味普洱茶，感受普洱茶带来的温暖。让普洱茶带给你继续前行的力量！

第十五篇

普洱茶热点问题解读

大千普洱茶世界，答疑解惑，探索求真。

近年来，随着饮茶文化的重视和推广，越来越多的人喜爱普洱茶。市场为了满足不同需求的人，生产了丰富的普洱茶产品。但广大普洱茶爱好者在了解或购买普洱茶的过程中仍会产生很多疑问，而这些问题需要用专业的眼光来看待，才能够科学地认识普洱茶，从而做到理性消费。

普洱茶热点问题解读

- 普洱茶的特殊性
  - 普洱生茶与绿茶的区别
  - 普洱茶与黑茶的区别
  - LVTP 科技普洱茶的发酵方法
- 普洱茶的仓储
  - 普洱茶存放时间越久品质越好?
  - 普洱生茶存放时间久了会变成熟茶吗?
- 普洱茶的安全性
  - 普洱茶发酵和仓储过程中会产生黄曲霉吗?
  - 喝普洱茶会导致钙流失吗?
- 普洱老茶的辨别与选购
- 普洱茶的冲泡
  - 普洱茶煮饮有何利弊?
  - 为什么有些人喝普洱生茶胃会不舒服?
- “智慧普洱”在消费端的主要体现
- 如何保护普洱茶古茶树资源
- 云南普洱茶区名山寨的茶叶品质特征

一、普洱茶的特殊性

1. 问：普洱生茶与绿茶的区别是什么?

答：首先，依据普洱茶国家标准来说普洱茶是地理标志性产品，明确规定了其地域范围，同时，普洱茶必须是以国标规定范围内的云南大叶种晒青茶为原料，而绿茶的产地和原料选择较广泛。虽然普洱生茶刚做出来的时候其品质特征近似于绿茶，但通过蒸压陈放，二者之间的差异会逐渐明显。绿茶贵于新，普洱贵于陈，存放时间长的绿茶滋味会变得淡薄、苦涩，汤色会逐渐变黄且混浊，香气减弱，而普洱生茶在陈放中自然转化，口感越来越醇和甘甜，汤色清亮，香气馥郁。并且，普洱生茶与绿茶的历史发展形态也大不相同。

2. 问：普洱茶与黑茶有区别吗?

答：有。

普洱茶是云南特有的地方名茶，具有悠久历史，是以云南原产地的大叶种晒青茶为原料再加工而成，和黑茶有很大的不同。其区别主要有以下几点：

（1）原料不同。普洱茶采用的是云南大叶种茶树的鲜叶，黑茶是采用中小叶种茶树鲜叶；普洱茶对鲜叶的选择较细嫩，黑茶则粗老。

（2）加工方式不同。普洱茶在教科书中列入六大茶类中的黑茶类，理由是都属于后发酵茶。然而，普洱茶的加工与黑茶的加工有质的区别。黑茶从鲜叶至成品是连续完成的，发酵时间较短。普洱茶则不同，普洱茶是以云南大叶种晒青毛茶为原料，蒸压成型后即是普洱生茶，适度潮水渥堆及微生物自然接种又是普洱茶熟茶品质形成的关键环节。发酵时间较长。

（3）产地不同。黑茶主产区为四川、云南、湖北、湖南、广西等省区。普洱茶产地特指云南普洱茶区（云南勐库、勐海、易武、攸乐、布朗、班章等地）。

（4）外形不同。黑茶主要外形是紧压砖兼有卷、散状，而普洱茶饼状（圆茶、饼茶）居多，兼有沱、砖、心、瓜、团、屏、散状等。

（5）功效不同。普洱茶功效物质比黑茶丰富。普洱茶的保健功效，如抗菌、降脂减肥方面的作用高于黑茶。

（6）后期表现不同。普洱茶越陈越香、越陈越升值的品质特征与黑茶有很大的不同。

3. 问：洛伐他汀科技普洱茶的发酵方法是什么?

答：我们工作室（周红杰名师工作室）现在加工的“洛伐他汀”科技普洱茶利用专利菌株紫色红曲霉作为发酵剂，从本质上讲和传统的普洱茶有所差异，虽发酵程度和传统基本一致，但其降脂功效成分“洛伐他汀”含量较高，保健功能更强，饮用之后的养生效果更突出，并且品质特征鲜明，具备米酯香这一新型风味。

二、普洱茶的仓储

1. 问：普洱茶是不是存放时间越久品质越好?

答：不是。

任何一种普洱茶的品质都有一个最佳时期，并不是越长越好。在这个时期以前，它的品质呈上升趋势，达到高峰以后，它的品质会逐渐下降。当收藏的普洱茶色、香、味达到最佳状态时，应当把握住这个时机，适时饮用。

另一方面，适宜的仓储环境才有利于普洱茶品质向好的方向转化。

2. 问：普洱生茶存放时间久了会变成熟茶吗?

答：不会。

所谓“生茶”是以云南大叶种晒青毛茶为原料的蒸压成型后

的茶，其原料没有经过后发酵仍保存着晒青茶的品质特征。这些生茶经过一段时间（几年或若干年）的贮存，品质逐渐陈化，成为“老生茶”。普洱生茶与人工后发酵生产的普洱熟茶在概念上是不同的，前者是经过缓慢的自然陈化过程之后所形成的普洱茶，后者是采用人工方式快速熟成的普洱茶，现在市场上销售的普洱茶主要指后者。生茶要转换为熟茶必须满足一定的水、湿度、空气、微生物等条件，在高温高湿环境下（茶仓一般要求湿度低于 70%，温度 25～33℃）的 30～50 天渥堆发酵。

3. 问：如何明辨干仓茶、湿仓茶？

答：湿仓普洱茶一般大多年份较短，干仓陈年普洱茶年代相对较长；干仓陈年普洱茶以醇和、温润、香高、甘甜、纯正称奇；市场中的湿仓普洱茶除汤色变深外，茶汤滋味粗杂不醇正。严重霉变的湿仓普洱茶大多气味霉浊，失去茶叶应有的光泽，给人以欠纯正、不自然的感觉。多数湿仓普洱茶的茶汤深暗无光泽，有些茶虽经“烘焙”和几年“退仓”等处理，少了霉呛味，但却难以驱除喉部的不适。并且，霉变过的湿仓茶的香气与干仓普洱茶差异较大。

三、普洱茶的安全性

1. 问：普洱茶发酵和仓储过程中会产生黄曲霉吗？

答：不会。

研究表明：发酵的普洱茶自身有抑制黄曲霉的能力。普洱茶中的小分子在抑制有害的微生物方面有独特的效果。只要你按照加工规范加工出合格的普洱茶，无论生熟都没有黄曲霉。黄曲霉毒素（AFT）是一类主要由黄曲霉和寄生曲霉等产毒菌株产生的次级代谢产物，其中黄曲霉毒素 B1（AFB1）具有极强的毒性、致癌性和致畸性，已被国际癌症研究所确定为 I 类致癌物，多见于发霉的粮食、粮制品及其他霉腐的有机物上。大量不同种类的曲霉在普洱茶中被发现，而黄曲霉等产毒曲霉与这些霉菌在分类上属于同属不同种，具有相似的遗传背景和营养特性，因此消费者们对普洱茶中是否含有黄曲霉毒素的怀疑也是可以理解的。其实，我们身处的许多环境中都存在黄曲霉，但它只有在一定的条件下才会产生黄曲霉毒素。模拟发酵实验表明，普洱茶的晒青原料接种产毒黄曲霉，在发酵过程中，虽然发酵初期黄曲霉能在茶样中生长繁殖，但在发酵后期黄曲霉的生长明显受到抑制，其数量逐渐下降，发酵终止时，生长在普洱茶中的黄曲霉最终不产黄曲霉毒素。这就是普洱茶神奇的地方。

2. 问：喝普洱茶会导致钙流失吗？

答：不会

研究表明，喝普洱茶不会影响血清中钙和磷的含量，数值上还有一定的升高作用；不影响机体对食物中钙离子和磷离子的吸收利用；不会降低股骨中钙和磷含量，且还不同程度地有所升高。普洱茶可以维持血清 PTH 的正常水平，来保证机体对钙离子和磷离子的正常代谢，对股骨骨密度无影响，长期饮用普洱茶不会造成喝茶者骨质疏松。

四、普洱老茶的辨别与选购

1. 问：如何辨别普洱老茶？

答：历史当中的古董茶现在市场上卖价都是天价，无论是收藏、鉴赏或是品饮老茶，建议按照优质普洱茶形成的必备条件“优质的原料、精湛的工艺、科学的仓储”进行鉴别，当这三个条件同时具备时它才具有一定的价值，才能给你带来相应的健康或财富，这是必须要遵循的一个基本前提。从古董茶、印级茶来看，需要了解在不同时间段会出现的品质特征是什么，在有条件情况下，进行体验、分析，找出其转化规律。

第一，看外形。老茶由于存放时间较久，熟茶色泽已变成红褐色且油润，生茶已没有黄绿、青绿色，而转化为黄红、红褐色且色泽匀整。老茶用手指捏，因氧化发酵而有膨松感，颜色自然。

第二，闻香气。普洱老茶经过长时间的陈化，有自然的陈香韵味，不会有其他杂味、异味。

第三，开汤鉴茶。年代久远的茶，冲泡后茶叶展不开，有些会呈木化现象。

第四，品内质。普洱老茶滋味浓醇甘润，有的略带酸。老茶因长期的自然发酵入口滑顺自然，甘甜无刺激性，温润、耐泡，香气醇和，回味绵长，叶底富弹性有光泽。

2. 问：如何选购普洱老茶？

答：对于购买老茶为了品饮的消费者来说，必须了解产品在整个仓储的流程以及现在具备的品质是否真实、安全，是否还具有品饮的价值、健康的功效，而不是以“物以稀为贵”的价值观来鉴别一款老茶，不顾它所存在的缺陷，盲目地去品饮，无视自己的健康。

并且，早期云南省茶叶公司出产的不同时期的七子饼茶都有唛号（可参考第五章），其生产厂家主要有昆明茶厂、勐海茶厂、下关茶厂、普洱茶厂等，在当时计划经济的年代，所生产的产品的类型和数量是按照指标生产的，不可能有大量的产品，尽量即产即销，保证资金运转，也不会做完以后把它存储好，等着今天给新的有需要的人来消费。所以，普洱老茶并不是年份越久茶就越好，所具备价值就越高，消费者应对老茶有科学专业的认知，根据自身的消费能力和身体状况去理性选择。

五、普洱茶的冲泡

1. 问：普洱茶煮饮有何利弊？

答：普洱茶还是冲泡好，最好不要煮着喝。

这是因为普洱茶煮着喝，茶汤浓度很容易过高，不但对有效物质的吸收不利，还会伤及脾胃。同时，也不容易控制茶汤的香气和滋味。一些茶叶粗老的陈茶，为了改善风味口感可以煮饮，但是时间应控制在 3 至 5 分钟为宜，煮的时间千万不能过长。

煮饮普洱茶不但会造成有效物质氧化，香气物质的挥发，茶汤营养流失。同时，煮饮还会浸出不好的物质进入茶汤，饮用后损伤身体。

2. 问：为什么有些人喝普洱生茶胃会不舒服？

答：普洱生茶最大的特点就是多酚类物质含量很高，多酚类含量高的茶刺激性较强。所以，生茶不宜空腹喝，也不宜过浓，尤其是身体疲劳或者不适的时候，会对身体带来损伤。如果脾胃虚寒的人想要喝生茶，冲泡时需要减量，否则会造成脾胃上的种种不适。同时，冲泡茶叶还需要注意保持茶具整洁，随泡随饮，浸泡太久的茶叶会使有效物质发生氧化转化而减少，从而会影响保健效果。

在生活中消费者一定要根据自身情况，选择适合自己的茶并遵从“适量、适度、适时”的原则进行科学品饮，才能有益身体健康。

六、“智慧普洱”在消费端的主要体现

问：在茶产业链中，“智慧普洱”在消费端的主要体现有哪些？

答：在茶产业链中，“智慧普洱”最根本的作用就是“质量可追溯”，整个产品从茶园到茶杯的形成过程中以数字、科学的方法加以展示。对于消费者来说，可通过查询产品细节放心消费。在以后发展中，产品信息通过编程将参数输进相应平台，消费者在喝茶之前将自己的需求输入，平台就会推荐适合的茶品以及科学的品饮方式，以方便消费者在饮茶时达到更好的保健效果，像这样用数控的方式来实现“喝什么茶，怎么喝”的精准化过程，就是智慧化的普洱时代。

七、普洱茶古茶树资源

问：如何保护普洱茶古茶树资源？

答：中国是茶的故乡，云南是世界茶树的起源中心，无论从文化底蕴还是从科研价值、生态价值、观赏价值来看，云南的古茶树资源都是“世界级”的资源，是整个人类社会的珍贵遗产。

近年随着普洱茶热，一夜之间“古树茶”成了高品质普洱茶

品的代名词，受到众人喜爱追捧。由此，古茶树被过度开发。很多茶商看好云南古茶树资源，受经济利益驱使，经营古树茶的商家也不断增加，部分茶商杀鸡取卵，不顾古茶树生存的危机，联合部分茶农对老祖宗留下来的千年古茶树进行毁灭性采摘与开发，云南古茶园的面积已由20世纪50年代的50余万亩锐减至现在的20余万亩。

（1）通过有关人大部门立法，制定古树资源保护条例。做到有法可依，执法有据，便于有关部门实施保护。

（2）制定有效的保护措施。①开展古树资源保护宣传工作；②根据古树资源的价值或聚合程度划分保护的等级和范围；③成立古树资源保护与管理组织；④制定古树资源保护的村规民约；⑤建立古树资源保护与管理基金；⑥对古树资源的保护与管理进行技术指导；⑦对濒危古茶树采取加固措施。

（3）加强珍稀古茶树、古茶树资源及其近缘植物的收集保存，尽可能多地保存茶树种质资源，为茶学研究、茶树品种选育提供广阔的物质基础。

（4）开展古茶树遗传多样性研究，加快古树资源的系统鉴定与评价，发掘特异资源，提供更多育种材料。

（5）云南茶树资源丰富，但目前在生产上栽培利用的茶树品种遗传基础仍较狭窄，通过利用野生茶树资源，采取远缘杂交、基因嫁接、基因累加等新技术手段，创造新种质，拓宽育种的遗传基础，实现茶树的突破性育种。

八、云南普洱茶区名山寨的茶叶品质特征

问：普洱茶区名山古寨的茶品各有哪些典型特征？

答：云南普洱茶的种植产地、种质资源都有一定的独特性。其茶山茶寨分布及茶叶品质特征如下图：

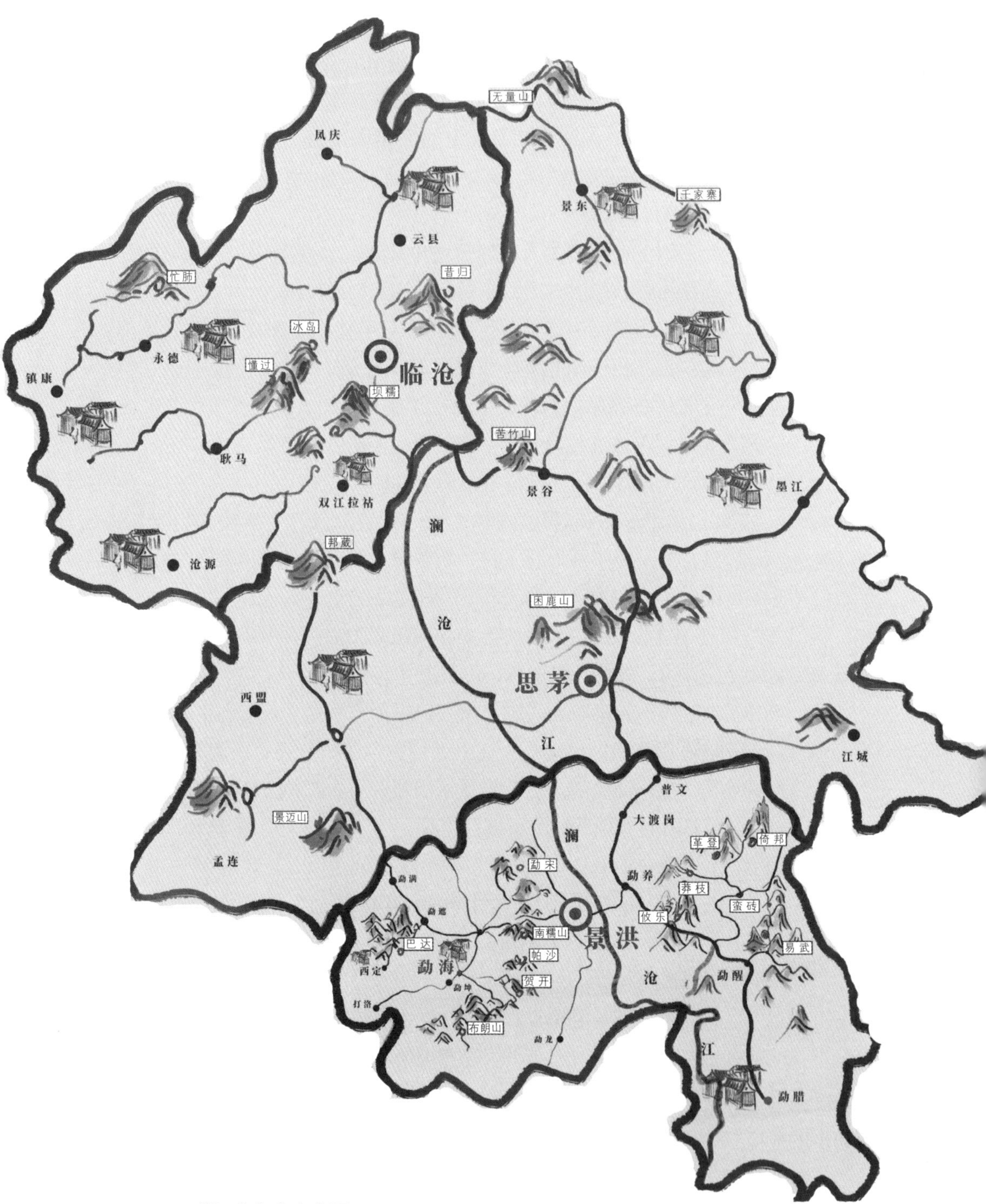

图 15.1　普洱茶名山古寨图

千家寨茶特点：香气浓郁持久，滋味醇厚回甘，苦味稍明显，且带轻微涩感。

昔归茶特点：外形条索紧结色泽墨绿，香气高扬带花香，汤色浅黄明亮，滋味鲜醇回甘，叶底富有弹性。

坝糯茶特点：汤色金黄透亮，花蜜香浓郁，滋味醇厚，汤水细腻，叶底鲜嫩。

苦竹山茶特点：外形条索肥壮显毫，滋味浓厚回甘，苦强涩弱。

困鹿山茶特点：清香高扬持久，滋味醇甜回甘。

革登茶特点：滋味醇甜回甘，苦涩弱。

倚邦茶特点：香气馥郁，蜜香透花香，滋味甜滑，杯底留香。

莽枝茶特点：香气馥郁，滋味醇厚回甘，苦涩弱。

蛮砖茶特点：香气馥郁，滋味醇厚，苦涩较轻，回甘快而持久，杯底留香。

易武茶特点：香气馥郁高扬持久，滋味甜滑，回甘持久。

攸乐茶特点：香气馥郁，滋味醇厚回甘。

冰岛茶特点：条索肥壮匀整，色泽墨绿油润，香气馥郁带花香，汤色金黄明亮，滋味鲜爽回甘，生津持久，叶底肥厚软亮。

忙肺茶特点：条索肥嫩显毫，香气浓郁，汤色黄亮，滋味醇厚回甘，汤水细腻。

懂过茶特点：香气馥郁，滋味醇厚回甘，叶底肥厚。

邦崴茶特点：外形条索肥壮，香气馥郁带花香，滋味浓厚回甘。

景迈山茶特点：外形条索紧细，香气馥郁带花香，滋味醇厚甘滑。

勐宋茶特点：香气浓郁带花香，滋味浓厚，苦涩明显，回甘较慢。

巴达茶特点：条索紧结色泽墨绿，香气浓郁高扬持久，滋味醇厚回甘，苦涩明显。

布朗山茶特点：条索肥壮显毫，滋味浓强回甘，苦涩明显，生津快而持久。

贺开茶特点：香气馥郁，滋味浓厚微苦带涩，回甘较快。

帕沙茶特点：外形条索紧结显毫，香气浓郁，汤色金黄，滋味醇厚，略带苦涩，回甘较快。

南糯山茶特点：香气馥郁，蜜香持久，滋味醇厚，回甘持久。

无量山茶特点：外形条索紧结，汤色黄绿明亮，滋味醇厚鲜甜。

参考文献
REFERENCE

1. 周红杰，艾田．“湿仓”普洱茶及其鉴别方法 [J]：茶叶机械杂志，2002，（4）：29–30
2. 周红杰．云南普洱茶 [M]．昆明：云南科技出版社，2004.1–100
3. 周红杰，李家华，赵龙飞，等．渥堆过程中主要微生物对云南普洱茶品质形成的研究 [J]．茶叶科学，2004（03）：212–218
4. 龚加顺，周红杰，张新富，等．云南晒青绿毛茶的微生物固态发酵及成分变化研究 [J]．茶叶科学，2005，25（4）：300–306
5. 骆锐，邵宛芳．云南普洱茶的发展历史探讨 [J]．茶叶，2006，（02）：112–115
6. 梁名志，夏丽飞，陈林波．普洱茶在贮存过程中的品质变化研究 [A]．中国茶叶学会、台湾茶协会．第四届海峡两岸茶业学术研讨会论文集 [C]．中国茶叶学会、台湾茶协会，2006：7
7. 赵龙飞，徐亚军，周红杰．黑曲霉在普洱茶发酵过程中生长特性的研究 [J]．食品研究与开发，2007，28（10）：1–3
8. 廖东兴．渥堆中几种微生物及酶与普洱茶品质关系研究 [D]．西南大学，2008
9. 陈可可，张香兰，等．曲霉属真菌在普洱茶后发酵中的作用 [J]．云南植物研究，2008，30（5）：624–628
10. 鲍晓华，董维多．普洱茶品质形成的研究进展 [N]．思茅师范高等专科学校学报，2008.8（4）
11. 黄振兴，赵明星，阮文权，等．普洱茶渥堆过程中微生物对其品质形成的影响及其研究进展 [J]．安徽农业科学，2008，36（28）：12496–12498
12. 骆耀平．茶树栽培学（第 4 版）[M]．北京：中国农业出版社，2008.2：322–336

13. 贺宝山．我国普洱茶市场现状分析及策略研究 [D]．西南大学，2008
14. 鲍晓华．普洱茶贮藏年限的品质变化及种类差异研究 [D]．武汉：华中农业大学，2010
15. 沈培平．普洱茶的发展历程与展望 [J]．中国茶叶，2010,（01）：4–6
16. 徐茜，薛玉．略论云南普洱茶历史变迁 [J]．黑龙江史志，2010,（07）：128–129
17. 龚加顺，周红杰．云南普洱茶化学 [M]．昆明：云南科技出版社，2011.10
18. 白菊梅．普洱茶与慢生活 [J]．企业观察家，2011,（07）：119–121
19. 司晋丽．中国式生活的朴素回归 [N]．人民政协报，2011–01–28（C03）
20. 周红杰，龚家顺．普洱茶与微生物 [M]．昆明：云南科技出版社，2012
21. 孙雪梅，黄玫，刘本英，等．云南省农业科学院茶叶研究所．《云南野生茶树的地理分布及形态多样性》．中国农学通报，2012，28（25）：277–288
22. 周红杰．普洱茶文化学 [M]．昆明：云南人民出版社，2014.1–100
23. 林世兴．云南山头茶 [M]．昆明：云南科技出版社，2014.1–100
24. 一鸣．无公害茶、绿色食品茶和有机茶的区别 [N]．中国食品报，2015.07（005）
25. 徐元峰．古茶树连棵成片死亡 古茶树该如何保护．中国普洱茶网，2015–04–11
26. 邢倩倩，李思佳，周红杰．浅析专业仓储在普洱茶产业中的地位和作用 [J]．保鲜与加工，2015.15（4）．77–80
27. 范强．云南民族地区普洱茶产业发展的历史回顾 [J]．边疆经济与文化，2015,（10）：7–9
28. 张顺高．云南茶叶系统生态学 [M]．昆明：云南科技出版社，2016.1–100
29. 许腾升，刘洋．不同仓储地区普洱茶品质差异研究 [J]. 保鲜与加工，2016.16（4）.89–93，98

后 记
POSTSCRIPT

身为云南人，从青年时期第一次接触到普洱茶，我就对普洱茶产生了浓厚的迷恋之情；高扬的香气、细腻的汤感、深沉的茶韵、醇厚的味道都深深吸引了我，将我带到了一个奇妙且为之奋斗的世界。这本书是我第一次以更加文学的语言来向读者展示我所知道的普洱茶，一时间不知道该用什么美妙的话语来描述普洱，竟让与普洱相生相惜的我有了举足不落、提笔难书之情。

美丽的普洱茶孕育在山川河流之间，吸收天地日月之精华，成为中华名茶中最具特色的茶类，它具有品种奇、工艺奇、茶品奇、贮藏奇、品饮奇、养生奇、文化奇等特点，内涵丰富、价值潜力巨大，富有茶的自然属性价值和人文属性价值。数十年来，我和我的团队沉浸在普洱茶的世界里，开展了从茶园到茶杯全方位的研究。从新世纪云南省自然科学基金重点项目“云南普洱茶理化成分及标准”的研究开始，到2006年我首次获得国家自然科学基金——“普洱茶品质形成机理的研究”项目，实现了云南茶叶研究课题在国家基金层面上零的突破。

2007年我主持的“云南特色茶产业化关键技术研究与示范”项目荣获国家科技部支撑计划的项目立项，是新中国成立以来在茶学研究方面支持力度最大的项目。近年来，我先后完成了国家基金、国家支撑计划项目、云南自然科学基金项目、昆明市科技创新重点项目等相关普洱茶研究（课题）项目20余项，系统、全面地开展了云南普洱茶的研究。从品种的适制性，加工工艺的规范性，普洱茶加工机械的（智能化）可控性，发酵环境（潮水、控温、控湿、控微生物、控气）的数字化，普洱茶加工的风味化，物质构成的标准性，创造现代管理的科学性等研究，使普洱茶从早期研究薄弱、缺乏科学支撑，发展到今天建立起普洱茶学的科学体系。

几十年的普洱茶研究之路是艰辛的，立体多样的七彩云南孕育的小小一片叶子，迷倒了大众。普洱茶那不做作的自然本质还原了山水之味。神秘的普洱茶使我矢志不渝地、全身心地投入到普洱茶里，相惜于普洱茶里，以茶净心。2004 年我的第一本《云南普洱茶》出版至今，先后重印 26 次，并且在中国台湾、韩国等地出版，这对传播云南普洱茶来说是空前的，并且在一定程度上成为催生普洱茶产业发展的精神食粮。随后我的《云南名茶》、《云南茶叶冲泡技艺》、《普洱茶保健功效科学揭秘》、《普洱茶健康之道》、《云南普洱茶化学》、《普洱茶与微生物》等著作相继出版，使普洱茶科学研究成果更丰富、体系更健全，使众多爱茶人了解普洱茶更清晰，受益更实惠，产业发展更健康。2021 年新年伊始，我和我的团队与时俱进，从品牌建设角度对云南普洱茶作了全新的诠释，给热爱茶、热爱普洱茶的人献上了新春的礼物——《中国十大茶叶区域公用品牌之普洱茶》。

时间真得流逝如梭，2017 年旅游教育出版社赖春梅编辑向我约稿编写《第一次品普洱茶就上手》一书出版至今一晃三年已过。2020 年我在美国期间，由于疫情未能如期回国，我和赖春梅编辑通过云空间开展了普洱茶的空中知识传播，深得网友的喜爱。其间，也提出诸多新的问题，于是赖编辑提及对该书修订再版，我欣然领命。尽管我在教学科研中、学习生活中始终和普洱茶相依相伴，然而每写有关普洱茶的文章和书都有新的发现、新的惊喜。虽然已经写了几本有关普洱茶的书，然而要把普洱茶书做到通俗，可读性强，科学文化相融，图文并茂，这是对普洱茶本身的塑身工程，也是对普洱茶的颜值提升工程，更是对普洱茶的人文修饰工程，每一项对我都是一个新的挑战，好在多年与普洱茶相伴，不离不弃，众多爱茶人与我结下茶之缘，鼓舞我不断完善此书。

在《第一次品普洱茶就上手》的第一版的基础上，遵循书中语言简洁易懂、图画形象生动的原则，第二版中各篇章增加了思维导图，补充学科发展新的研究成果，剖析市场发展瓶颈问题，针对消费者常见问题答疑解惑，使读者对普洱茶学科体系的理解学习更加容易。但因时间仓促，总有一些错讹以及疏漏之处，难以周全，敬请读者指正。在此，衷心感谢周红杰名师工作室的博士生伍贤学、苏丹、邓秀娟及硕士生薛晓霆、郑慕蓉、骆爱国、任丽、潘芝涵、杨杏敏、王智慧、杨方圆、龙莉、付子祎、涂青、汪静、高路、李嘉婷、马玉青、辛颖、黄刚骅、施宏媛、沈远载等参与书稿新的增补修改整理工作。感谢景迈山莱宏、景洪敢冬、腾冲驼峰茶业赵昕、南糯山山爬、普洱市孟连行健普洱茶有限公司、云南雅咪红茶业有限公司等提供部分古茶树与茶园图片，东莞昌兴茶仓吴少帅提供部分仓储图片，北京王府茶楼李新芝提供外国友人品饮茶图，美国 Tea Drunk 滕树楠提供外国友人冲泡图片，杭州素业茶院陈燚芳提供茶叶调饮图片，云南农业大学郭睿南老师、滇西科技师范学院王绍梅教授、临沧技工学校宋文明老师提供部分民族茶艺图片。特别感谢香港协和茶行的黄锦枝与黄集斌、大阵仗管家林平、香港茶道协会理事长叶荣枝、香港茶艺乐园主人陈国义、马来西亚国际茶文化协会理事长萧慧娟在普洱老茶相关资料的收集与整理过程中给予的帮助。我们赶上了好时代，国家富强，人们富裕，国强民富，文化自信。普洱茶已经和我们生活分不开。

普洱茶是奇妙的，普洱茶是可爱的，普洱茶是喝的文化，普洱茶是精神的伊甸园，普洱茶是无可替代的。朋友们，与普洱茶来一场美丽的邂逅吧！走近她，了解她，感受她在喧嚣的城市里带给你的安慰与惊喜，体验她能给予你的充盈、幸福的一生。